全国高等农林院校“十三五”规划教材

材料力学实验指导

孙青芳　主编

中国农业出版社
北　京

图书在版编目（CIP）数据

材料力学实验指导/孙青芳主编．—北京：中国农业出版社，2019.8（2024.12 重印）
全国高等农林院校“十三五”规划教材
ISBN 978-7-109-25720-7

Ⅰ.①材… Ⅱ.①孙… Ⅲ.①材料力学-实验-高等学校-教学参考资料 Ⅳ.①TB301-33

中国版本图书馆 CIP 数据核字（2019）第 148621 号

中国农业出版社出版
地址：北京市朝阳区麦子店街 18 号楼
邮编：100125
责任编辑：马颢晨　　文字编辑：彭明喜
版式设计：杨　婧　　责任校对：刘丽香
印刷：三河市国英印务有限公司
版次：2019 年 8 月第 1 版
印次：2024 年 12 月河北第 2 次印刷
发行：新华书店北京发行所
开本：720mm×960mm　1/16
印张：7.5
字数：126 千字
定价：20.00 元

编　写　人　员

主　编　孙青芳

副主编　李红波

参　编　（按姓氏笔画排序）

石　娇　阴　妍　薛晋霞

审　稿　郭玉明

前　言

实验是材料力学课程教学中非常重要的环节，通过实验教学，学生可进一步加深对理论知识的理解、学会编制实验方案和分析处理数据、掌握常用仪器设备的使用及提高实际动手能力。

本教材主要参照教育部高等学校力学教学指导委员会非力学类专业基础力学课程教学指导分委员会提出的材料力学课程实验内容基本要求进行编写。全书由四章和附录构成，第一章讲述了材料力学实验的基本内容、基本任务、基本程序、数据分析处理和实验报告撰写要求；第二章介绍了材料力学实验中主要设备的结构、原理和使用方法；第三章基本实验，共7个，包括拉伸实验、压缩实验、扭转实验、弹性模量E和泊松比μ的测定、薄壁圆筒纯扭转时剪切模量G的测定、弯曲正应力实验和冲击实验；第四章综合设计性实验，共7个，包括连接件的剪切挤压实验、等强度梁弯曲实验、电阻应变片灵敏度系数k的标定、压杆稳定实验、弯扭组合主应力的测试、偏心拉伸实验和金属材料平面应变断裂韧性K_{Ic}的测定。附录包括了实验数据的线性拟合及应用，力学量国际单位制单位及换算。

本书可供我国高等农林院校工科专业和开设材料力学与工程力学课程的其他专业选用，也可供相关工程技术人员参考。

本书由山西农业大学孙青芳主编、李红波副主编，郭玉明教授审稿，参加编写的人员有石娇、阴妍、薛晋霞。

由于编者水平有限，本书难免存在错误和不足，望广大读者批评指正。

编　者

2019年6月

目　　录

第一章　绪　　论

第一节　基本内容与主要任务

材料力学实验是材料力学课程的重要组成部分。其基本内容与主要任务：

1. 测定材料的力学性能

材料的力学性能指标如弹性模量、屈服强度（极限）、抗拉强度（强度极限）、疲劳极限等，是材料在力或能的作用下，在变形、强度等方面表现出来的一些固有特性。每种材料的研制都要通过试验来测定这些固有特性值。这些指标是设计构件强度、刚度和稳定性的计算依据。工程材料往往要通过试验来进行复验，看其是否达到设计标准。材料的热处理工艺、焊接工艺也要通过试验来进行评定。构件失效分析也要通过试验来进行。

为使试验测定结果有符合性与可比性，各国国家标准对试样的取材、形状、尺寸、加工精度、试验手段和方法，以及数据处理等都做了统一规定。我国国家标准的代号为GB，美国国家标准的代号是ASTM，国际标准的代号为ISO。国际间需要做仲裁试验时，以国际标准为依据。

确定材料强度指标时，对破坏性试验，考虑到材料质地的不均匀性，应做多个试样，综合多个试样的结果，得出材料的性能指标。对非破坏性试验，如材料弹性模量的确定，要借助变形放大仪表测量变形，为减小测量系统引入的误差，也要重复多次进行，然后综合多次测量数据得到所需结果。

2. 直接利用实验应力分析方法测定结构应变、应力

在工程实践中，有些构件几何形状不规则或受力太复杂，用现有的理论解无法计算出应力、应变，可以用实验应力分析方法迅速准确地得出结构应力、应变结果或结论。

实验应力分析方法很多，诸如电测应力分析法、激光全息光弹性法、脆性涂层法、云纹法、散斑干涉法、网格机械测量法、比拟法、声弹法等。采用哪种方法取决于实验的目的和对实验精度的要求。如需了解构件的整体应力分布，可用光弹性法；如仅需了解构件某一局部的应力分布，使用电测法。可联合使用几种方法，如用光弹性法判定构件危险截面的位置，再用电测法测出危险截面的局部应力分布与大小。本书只介绍电测应力分析法。电测应力分析法的特点是只要是变形固体，不管结构形状、受力多么复杂，也不必准确了解边界条件在哪些特殊条件下，都能甚至比理论计算更简便、更迅速地得出结果。

3. 验证理论

材料力学验证理论有三方面的含义：

（1）验证现有理论：材料力学的一些理论是以某些假设为基础建立的，如杆件的弯曲理论就是以平面假设为基础的，这些理论的正确与否和适用范围，需要试验来验证。对经过较大简化后得出的理论计算或数值计算结果，也要通过试验来验证其可靠性。

（2）验证新建理论：对新建立的理论和公式，用试验来验证是不可缺少的。

（3）修正和发展理论：通过试验才能发现问题，才能修正和发展理论，试验是修正和发展理论的必要手段。

4. 训练学生实际动手操作技能

材料力学实验教学担负着训练学生实际动手操作技能的任务。实验课是理论与实践相结合的环节，在这一环节中，既要能使学生理论联系实际，掌握具体的知识点，又要能使学生的实际动手操作技能得到训练和提高。

第二节　实验室守则与实验基本程序

为了确保实验顺利进行，达到预定的目的，应严格遵守实验室守则。

一、实验室守则

（1）实验前应做好预习，明确实验目的、内容和步骤。了解仪器设备的操作和实验物品的特性。

（2）对于带电或贵重的设备及仪器，在接线或布置后应请教实验教师检查，检查通过后，才能开始实验。实验过程中，要严格按照操作规程的要求使用仪器设备，不得动用与本实验无关的仪器设备等物品。

（3）及时整理实验数据，认真分析问题，按要求独立写出实验报告。

（4）凡是与剧毒、易燃、易爆、腐蚀、有害生物、有害气体等危险物品有关的实验，必须在教师指导下严格遵守操作规程。在实验过程中，如出现事故，应及时报告指导教师和实验室工作人员，并采取先期处置措施。

（5）实验完毕，将使用的仪器设备和工具，清点并擦拭干净，恢复原状，交还实验室工作人员或指导教师；打扫卫生，保持室内整洁卫生。

（6）离开实验室前关好门、窗、水、电，确保安全。

二、实验基本程序及要求

本书所列都是常温、静载实验项目。主要测量作用在试样上的载荷和试样的变形，因此实验所用的仪器设备必须精密，必须定期对仪器设备进行标定。由于实验要求载荷和变形同时测量，因此需要3～5名同学一组共同完成，实验小组成员要求分工明确，默契配合。成员在实验小组中虽有一定的分工，但每个成员都必须明确所有的实验环节。通常情况下，整个实验过程可分为以下两个阶段：

（一）实验前的准备工作

（1）预习实验指导中本次实验的所有相关内容。

（2）通过预习及实验教师的讲解，明确本次实验的实验目的、原理、方法，以及所用到的仪器、设备的使用和实验步骤。

（3）必须清楚地知道，本次实验需记录的数据项目及数据处理的方法，事前做好数据记录表格。

（二）实验过程

（1）仔细观察实验对象——试样，确定是否符合实验要求及国家标准。细心测量试样的尺寸，做好原始数据的记录以及测量工具设备、仪器的名称、型号（及设备编号）、精度及量程的记录。对试样最大加载量进行估算，制订加载方案。

（2）安装试样、选择通道电桥方式、连接导线等，并检查是否正确。

（3）将实验机、仪器初读数调整为零。

（4）开始实验前，请指导教师检查确认无误后方可开始实验。

（5）实验时，认真细致地按照实验指导中所要求的实验方法与步骤逐步进行，认真记录实验数据。如学生希望用另外方案进行测量，在完成实验全部规定项目后，经教师同意可以进行。

（6）实验完成后，实验记录需交指导教师检查数据是否齐全无误，审阅签字。若不符合要求应重做。

（7）最后清理设备、仪器，并将其恢复原状或放回原处。

（8）实验报告每人提交一份，实验数据同组人员可以共享。

第三节　实验报告的撰写

实验报告是实验的总结，是实验人员最后提交的成果。通过实验报告的书写可以提高学生分析问题、解决问题的能力，因此实验报告必须由同学根据实验过程及数据独立完成，要有分析及自己的观点。对于微机控制试验机的先进功能（自动处理数据、打印实验报告的功能）也要有所了解。一般实验报告应具有下列基本内容：

（1）实验名称、实验日期、实验人及同组人员姓名。

（2）实验目的。

（3）实验原理、方法及步骤简述。

（4）实验所用的设备仪器的名称、型号（及设备编号）、精度及量程等。

（5）实验参照执行的标准，试验条件信息［包括实验温度、试样标识、材料名称牌号（如已知）、试样类型、试样取样方向和位置（如已知）等］，试验控制模式和试验速率。

（6）实验数据及其处理。整理实验结果时，应剔除明显不合理的数据。实验数据应包括测量原始数据和实验数据，并注明测量单位。最好以表格或图线表明所得结果。必要时辅以文字说明。按有效数字的选取、数据处理要求和运算规则给出实验结果和误差分析。如实验只进行一次，则要求做定性的误差分析。如实验的对象有理论解，则希望能与理论计算结果进行比较，计算相对误差。

（7）有特殊要求的实验，要根据具体要求报出。

（8）分析与讨论：应根据实验所得的结果及实验中观察到的现象，结合基本原理进行分析讨论。本书中每一实验后均有分析与讨论思考题可供参考。

第四节　实验结果的数值修约规则和数据处理

实验数据不同于数学中的数字，它不仅要反映测试对象的大小，而且还要反映其精确程度。正确记录和科学处理实验数据使试验结果接近真值和具有符合性与可比性的要求。

测量结果的有效数字就是实验中能够测量到的数字，包括最后一位估计的不确定的数字。也就是说，测量结果中能够反映被测量值大小的几位可靠数字加上一位存疑数字的全部数字。它反映了数量的大小，同时也反映了测量的精密程度。

有效数字数位依据机器、仪表的测量精度来确定。如载荷传感器、电子引伸仪和位移传感器的测量精度分别为 0.01、0.001 和 0.01，也就是说它们分别能测到小数点后两位、三位和两位的有效数字。

（一）术语和定义

GB/T 8170—2008《数值修约规则与极限数值的表示和判定》中定义：

1. 数值修约

通过省略原数值的最后若干位数字，调整所保留的末位数字，使最后所得到的值最接近原数值的过程。

通俗地讲，数值修约就是对某已知数，根据有效数字保留位数的要求，按照一定的规则取舍多余的位数，选取一个为修约间隔整数倍的数代替已知数。经数值修约后的数值称为（原数值的）修约值。

2. 修约间隔

修约值的最小数值单位。修约间隔的数值一经确定，修约值即为该数值的整数倍。

例 1： 如指定修约间隔为 0.1，修约值应在 0.1 的整数倍中选取，相当于将数值修约到一位小数。

例 2： 如指定修约间隔为 100，修约值应在 100 的整数倍中选取，相当于将数值修约到百数位。

（二）数值修约规则

1. 确定修约间隔

（a）指定修约间隔为 10^{-n}（n 为正整数），或指明将数值修约到 n 位小数。

（b）指定修约间隔为 1，或指明将数值修约到个数位。

（c）指定修约间隔为 10^{n}（n 为正整数），或指明将数值修约到 10^{n} 数位，或指明将数值修约到“十”“百”“千”……数位。

2. 进舍规则

（a）拟舍弃数字的最左一位数字小于 5，则舍去，保留其余各位数字不变。

例 3： 将 12.149 8 修约到个数位，得 12；将 12.149 8 修约到 1 位小数，得 12.1。

（b）拟舍弃数字的最左一位数字大于 5，则进一，即保留数字的末位数字加 1。

例 4： 将 1 268 修约到“百”数位，得 13×10^{2}（特定场合可写为 1 300）。

注："特定场合"是指修约间隔明确时。

(c) 拟舍弃数字的最左一位数字是5，且其后有非0数字时进一，即保留数字的末位数字加1。例：将10.500 2修约到个数位，得11。

(d) 拟舍弃数字的最左一位数字是5，且其后无数字或皆为0时，若所保留的末位数字为奇数（1，3，5，7，9）则进一，即保留数字的末位数字加1；若所保留的末位数字为偶数（0，2，4，6，8）则舍去。

例5：修约间隔为0.1（或10^{-1}）：

拟修约数值	修约值
1.050	10×10^{-1}（特定场合可写为1.0）
0.35	4×10^{-1}（特定场合可写为0.4）

例6：修约间隔为1 000（或10^{3}）：

拟修约数值	修约值
2 500	2×10^{3}（特定场合可写为2 000）
3 500	4×10^{3}（特定场合可写为4 000）

(e) 负数修约时，先将它的绝对值按上述规定修约，然后在所得值前面加上负号。

例7：将下列数字修约到"十"数位：

拟修约数值	修约值
−355	-36×10（特定场合可写为−360）
−325	-32×10（特定场合可写为−320）

例8：将下列数字修约到三位小数，修约间隔为10^{-3}：

拟修约数值	修约值
−0.036 5	-36×10^{-3}（特定场合可写为−0.036）

将以上数值修约原则总结为：

四舍六入五注意，五后有数就进一。

五后为零看左方，左为奇数则进一，

左为偶数则舍去，左为零作偶处理。

3. 不允许连续修约

拟修约数字应在确定修约间隔或指定修约数位后一次修约获得结果，不得多次连续修约。

例9：修约97.46，修约间隔为1。正确的做法：97.46→97；不正确的做法：97.46→97.5→98。

例10：修约15.454 6，修约间隔为1。正确的做法：15.454 6→15；不正

确的做法：15.454 6→15.455→15.46→15.5→16。

4.0.5 单位修约与 0.2 单位修约

在对数值进行修约时，若有必要也可采用 0.5 单位修约或 0.2 单位修约。

（1）0.5 单位修约（半个单位修约）：是指按指定修约间隔对拟修约的数值 0.5 单位进行的修约。

方法：将拟修约数值 X 乘以 2，按指定修约间隔对 $2X$ 按前述规定修约，所得数值（$2X$ 修约值）再除以 2。

例 11：将下列数字修约到“个”数位的 0.5 单位修约：

拟修约数值 X	$2X$	$2X$ 修约值	X 修约值
60.25	120.50	120	60.0
60.38	120.76	121	60.5
60.28	120.56	121	60.5
−60.75	−121.50	−122	−61.0

（2）0.2 单位修约：是指按指定修约间隔对拟修约的数值 0.2 单位进行的修约。

方法：将拟修约数值 X 乘以 5，按指定修约间隔对 $5X$ 按前述规定修约，所得数值（$5X$ 修约值）再除以 5。

例 12：将下列数字修约到“百”数位的 0.2 单位修约：

拟修约数值 X	$5X$	$5X$ 修约值	X 修约值
830	4 150	4 200	840
842	4 210	4 200	840
832	4 160	4 200	840
−930	−4 650	−4 600	−920

综上所述，其一般形式为 $k\times10^n$（$k=1, 2, 5$；n 为正、负整数）。当修约间隔为 $k\times10^n$（$k=2, 5$；n 为正、负整数）时，将测得数字除以 k，再按修约间隔为 1×10^n（n 为正、负整数）的方式修约，修约以后再乘以 k，即为最后的修约数。

例如，设修约间隔为 2，对数值 51.3 修约：51.3÷2=26.55→（按 1 间隔修约为）27→27×2=54；设修约间隔为 5，对数值 51.3 修约：51.3÷5=10.26→（按 1 间隔修约为）10→10×5=50。

通常情况下，修约间隔依据实验对象相关产品标准的要求和试验方法标准的规定而确定。例如，GB/T 228.1—2010《金属材料 拉伸试验 第一部分：室温试验方法》规定：试验测定的性能结果数值应按照相关产品标准的要求进行修约。如未规定具体要求，应按如下要求进行修约：强度性能修约至1 MPa；屈服点延伸率修约至0.1%，其他延伸率和断后伸长率修约至0.5%。

本书中有关材料性能测试的实验，按照执行的标准都给出了性能结果数值修约规定。

（三）有效数字的运算规则*

1. 加减运算

在进行有效数字加减运算时，计算结果的有效数字以参与运算数值中绝对误差最大的数值为准，即与各数中小数点后面位数最少者相同。也就是说，计算结果的小数点后面的位数与以存疑数字绝对误差最大的数值来确定，计算值第一位存疑数字位数，以此作为计算有效数字的最后一位。例如，10.32＋1.456－0.043 1＝11.732 9→11.73，即在对计算结果修约时，与参加运算数值中绝对误差最大者（10.32）的精度相同。

2. 乘除运算

在进行有效数字乘除运算时，计算结果的有效数字位数以参与运算数值中相对误差最大的数值为准，即与各数中有效数字的位数最少者相同。例如，10.32÷1.456×0.043 1＝0.305 489 011→0.305，即在对计算结果修约时，与参加运算数值中相对误差最大者（0.043 1）的有效数字的位数相同。

3. 乘方和开方运算

在进行有效数字乘方、开方运算时，计算结果的有效数字位数与乘方、开方之前数字的有效数字的位数相同。

4. 对数和三角函数运算

对数和三角函数运算结果的有效数字位数由其变量对应的位数决定，尾部位数与真实值的有效数字位数相等。真数的有效位数与对数尾数的位数相同，与首数无关。首数用于定位，不是有效数字。

5. 指数函数

指数函数 10^x 或 e^x 的有效数字位数和 x 小数点后的位数相同（包括紧接小数点后面的0）。例如，$10^{6.25}=1\,778\,279.42\rightarrow1.8\times10^6$，$10^{0.003\,5}=1.008\,096\,1\rightarrow1.008$

6. 常数运算

计算公式中常数如π、e及其他乘除因子均可以认为具有无穷个有效数字位数，可根据计算的需要，选取有效数字位数。

* 关于有效数字的运算，有2种处理方法：（a）先计算后修约；（b）先修约后计算，但各数均多保留一位有效数字，待计算之后，再确定结果的有效数字位数。

第五节 实验误差分析和数据处理

在实验中由于受到仪器本身精度的限制，不可能测到某物理量绝对真值，实际上所测得的都是近似值。分析误差产生的原因和实验误差的统计规律，一方面可以避免不必要的误差，另一方面可以正确处理实验数据，使其最大限度地接近真值。

一、误差的基本概念及表示方法

（1）真值：某一物理量客观存在的真实值，以 T 表示。

（2）测量值（即近似值）：实验中用仪表、仪器、量具等测得的某一物理量的数值，以 M 表示。

（3）绝对误差：以 Δ 表示。绝对误差＝测量值－真值，即 $T-M=\Delta$。

（4）相对误差：绝对误差与真值之比称为相对误差，以 δ 表示：$\delta=\frac{|\Delta|}{T}$。

（5）最大绝对误差和最大相对误差：因为真值 T 不易得到，故 Δ、δ 也不能确定，但是，可以设想一个界限 α，使 $\alpha>\Delta$，这一界限 α，称为最大绝对误差，如将此数除以测量值 M，即 $\delta=\frac{\alpha}{M}$，δ 称为最大相对误差，即通常仪器使用范围内的误差，例如万能试验机的误差 $\pm1\%$，也就是说，其最大相对误差 δ 应为 $\pm1\%$。

（6）准确度、精密度和精确度：准确度是反映实验的测量值与真值的接近程度，由系统误差决定。精密度是多次测量数据的重复程度，由偶然误差决定，但精密度高不一定准确度高。实验要求既要有高的准确度又要有高的精密度，即要有高的精确度。精确度也就是通常所说的测量精度。

二、误差的分类及修正

根据误差产生的原因，误差可分为系统误差、偶然误差（或称为随机误差）和人为过失误差。

1. 系统误差

系统误差是一种规则的、有固定偏向及规律的误差，由确定的系统产生的。例如，用偏重的砝码称重，所称得的物体的重量总是偏轻。应变片灵敏系数偏大，测定的应变值总是偏小。这种误差可采取适当的措施予以消除。常用的方法有：

（1）校准法：为了消除系统带来的误差，国家有专门的规定，例如万能试验机每年应校验一次，砝码、应变仪、百分表等仪器仪表都要定期进行校准。

（2）对称法：材料力学实验中所采用的对称法包括对称读数法和加载对称法。对称读数法：如拉伸实验中，试样两侧对称地装上引伸仪测量变形，取其平均值就可消去加载偏心造成的影响；加载对称法：在加载和卸载时分别读数，这样可以发现可能出现的残余应力应变并减小过失误差。

（3）增量法：即逐级加载法。如为了消除摩擦力的影响，实验时可采用增量法，由 F_1 增加到 F_2、F_3、F_4、…，如有摩擦力 f 存在，则真力应为 F_1+f、F_2+f、…，再取增量 $(F_2+f)-(F_1+f)=F_2-F_1$，摩擦力便可以消去。

（4）选择合适的量程：例如，用 300 kN 的万能试验机做低碳钢拉伸试验，需要最大载荷 40 kN，选择 0～60 kN、铊 A、0.2 kN/格的量程范围，而不要选择 0～150 kN、A＋B、0.5 kN/格的量程范围。同时，为了消除应变仪局部不准的影响，应采用量程内大范围的使用方法，使表盘大部分刻度都能用上，全面使用，以消除局部影响。

还可利用修正公式修正实验测量数据，以消除系统误差。

2. 偶然误差

偶然误差是一种不规则的随机误差。产生这种误差的原因包括所有可能的因素，如试样材料本身的不均匀性和材料结构的复杂性、客观条件的偶然变化、仪器仪表的不完全稳定等，偶然误差没有固定的大小和偏向，但可以按概率统计的法则合理地处理实验测量数据，推算其最优值（接近真值的值）。

3. 人为过失误差

这种误差是由于实验者本身主观方面原因而产生的误差。如将读数读错，4 读为 9；将单位弄错；读数时习惯于偏高或偏低等。消除这类误差的根本办法是实验者按正确的方法，集中注意力，仔细认真地进行实验操作。同时，还要对实验结果进行检查，发现有不合理的数据时应加以分析，找出错误的原因，给予取消或重做。

三、最优值的计算与误差评判

1. 算术平均值（最优值）的计算

多次测量同一物理量时，各次测量结果的算术平均值是最接近真值的值，故称其为最优值。由最小二乘法原理可知，当各次测量值与某一值的偏差的平方之和为最小时，则该值相当于最优值，而此值恰好是这些测量值的算术平均值，也可理解为，各偏差的平方必为正值，当其和为最小时，一定代表该值的误差最小，此时它所表示的值必为最优值（证明方法从略）。根据这一原理在材料力学实验中，好多实验都采用重复多次的方法，实践证明只要实验重复5～6次，即可推算其最优值（接近真值的值）。

2. 实验数据的线性拟合（最优值的计算）

由实验采集的两个量之间有时存在明显的线性关系，在处理这样一组实验数据时，两个量的每一对对应值都可确定一个数据点，将这些数据点直接描在直角坐标系中，可以发现这些点在一条直线左右摆动，由于数据点的分散性，对同一组实验数据就可能得出略微不同的直线，何者最佳就难以判定。合理的方法是把这一组实验数据用线性拟合法拟合为直线。例如，在低碳钢拉伸实验的弹性阶段，拉力与延伸就存在线性关系；在比例阶段的多个点用线性拟合的方法确定的直线的斜率，是最接近弹性模量真值的值。线性拟合方法见附录Ⅰ。

3. 相对误差百分数计算

在材料力学实验中，用相对误差百分数比用绝对误差表示误差更为确切。因为在衡量一个测量数据的精确程度时，不能单纯从误差的绝对值考虑，测量数据本身的大小也很有关系。如测100 kN拉力准确到1 kN就够精确；测植物纤维的拉力总共不过20 N，即使准确到1 N，也不够精确。前者的绝对误差大于后者的绝对误差，并为后者的1 000倍。可相对误差反而后者为大，为前者的5倍（前者为1%，后者为5%）。显然后者的误差大于前者。在材料力学实验中，相对误差的计算有下列几种情形：

（1）已知理论值（设其为真值 T），而各次测量值的算术平均值为 M，则相对误差

$$\delta=\frac{T-M}{T}\times100\%=\frac{\Delta}{T}\times100\% \qquad (1-5-1)$$

在验证理论的实验中多用式（1－5－1）评判误差。

（2）未知理论值，可根据仪器的精度来确定测量结果本身的最大误差，设仪器的精度值为 a，则相对误差

$$\delta=\frac{a}{M}\times100\% \qquad (1-5-2)$$

4. 标准误差

前面提到：测量值＝真值＋误差，这里误差包含了系统误差和偶然误差，则测量值＝真值＋系统误差＋偶然误差，当系统误差修正后，误差主要即是偶

然误差。在多次测量中，偶然误差是一随机的变量，那么测量值也就是一随机变量，可用标准误差来描述它。设 x_1，x_2，…，x_n 为 n 次测量值，其

$$\text{算术平均值}\quad \overline{X}=\frac{1}{n}\sum x_i \qquad (1-5-3)$$

$$\text{标准误差}\quad S=\sqrt{\frac{\sum (x_i-\overline{X})^2}{n-1}} \qquad (1-5-4)$$

标准误差是各测量值误差平方和的平均值的平方根，又叫均方根误差，它对较大或较小的误差反应比较灵敏，是表示测量精密度较好的一种方法。

5. 间接测量误差分析

实验中有些物理量无法对其进行直接的测量，必须通过对一些与其有关的可以直接测量的物理量 x、y、z 的测量，再按一定的公式计算求得。这里就存在误差的传递，即直接测量物理量的误差对间接测量物理量的影响。

设一间接测量物理量为 u，它与直接测量物理量 x、y、z 的关系为 $u=f(x, y, z)$，若 x、y、z 的测量误差分别为 Δx、Δy、Δz，它们引起的 u 的绝对误差为 $\mathrm{D}u$，相对误差为 $\mathrm{d}u$，则根据多元函数全微分有：

$$\text{绝对误差}\quad \mathrm{D}u=\frac{\partial u}{\partial x}\Delta x+\frac{\partial u}{\partial y}\Delta y+\frac{\partial u}{\partial z}\Delta z \qquad (1-5-5)$$

$$\text{相对误差}\quad \mathrm{d}u=\frac{\partial u}{\partial x}\cdot\frac{\Delta x}{u}+\frac{\partial u}{\partial y}\cdot\frac{\Delta y}{u}+\frac{\partial u}{\partial z}\cdot\frac{\Delta z}{u}$$

$$(1-5-6)$$

若直接物理量仅为 x，y，则有：

$$\text{绝对误差}\quad \mathrm{D}u=\frac{\partial f}{\partial x}\Delta x+\frac{\partial f}{\partial y}\Delta y \qquad (1-5-7)$$

$$\text{相对误差}\quad \mathrm{d}u=\frac{\partial u}{\partial x}\cdot\frac{\Delta x}{u}+\frac{\partial u}{\partial y}\cdot\frac{\Delta y}{u} \qquad (1-5-8)$$

前面的误差传递公式是一般公式，对于系统误差及偶然误差都是适用的，但都是测量一次的。下面讨论用标准差表达的多次测量误差传递情况。

以 4 个直接测量物理量为例。设间接测量物理量为 u，它与直接物理量 x、y、z、w 的关系为 $u=f(x, y, z, w)$，进行 n 次测量，标准误差分别为 S_x、S_y、S_z、S_w，则 u 的标准误差：

$$S_u=\sqrt{\left(\frac{\partial u}{\partial x}\right)^2 S_x^2+\left(\frac{\partial u}{\partial y}\right)^2 S_y^2+\left(\frac{\partial u}{\partial z}\right)^2 S_z^2+\left(\frac{\partial u}{\partial w}\right)^2 S_w^2}$$

$$(1-5-9)$$

例 13： 测量某一复杂模型表面某点的主应变，根据实验数据计算出 ε_1、

ε_2，以及材料的弹性模量 E，波松比 μ 的算术平均值分别为：$\varepsilon_1=593\times10^{-6}$，$\varepsilon_2=166\times10^{-6}$，$\bar{E}=3.64\times10^4\ \mathrm{kg/cm^2}$，$\mu=0.359$；对应的标准误差分别为：$S_{\varepsilon_1}=4.24\times10^{-6}$，$S_{\varepsilon_2}=3.30\times10^{-6}$，$S_E=0.0832\times10^4$（$\mathrm{kg/cm^2}$），$S_\mu=0.0116$。试求当利用虎克定律 $\sigma_1=\frac{E}{1-\mu^2}(\varepsilon_1+\mu\varepsilon_2)$，$\sigma_2=\frac{E}{1-\mu^2}(\varepsilon_2+\mu\varepsilon_1)$ 计算测点主应力 σ_1、σ_2 时的标准误差 S_{σ_1}、S_{σ_2}。

解：根据标准差公式：

$$S_{\sigma_1}=\sqrt{\left(\frac{\partial\sigma_1}{\partial\varepsilon_1}\right)^2S_{\varepsilon_1}^2+\left(\frac{\partial\sigma_1}{\partial\varepsilon_2}\right)^2S_{\varepsilon_2}^2+\left(\frac{\partial\sigma_1}{\partial E}\right)^2S_E^2+\left(\frac{\partial\sigma_1}{\partial\mu}\right)^2S_\mu^2}$$

式中

$$\frac{\partial\sigma_1}{\partial\varepsilon_1}=\frac{E}{1-\mu^2}=4.1785\times10^4,\quad\frac{\partial\sigma_1}{\partial\varepsilon_2}=\frac{E\mu}{1-\mu^2}=1.5001\times10^4,$$

$$\frac{\partial\sigma_1}{\partial E}=\frac{\varepsilon_1+\mu\varepsilon_2}{1-\mu^2}=7.4914\times10^4,\quad\frac{\partial\sigma_1}{\partial\mu}=\sigma_1\left(\frac{2\mu}{1-\mu^2}+\frac{\varepsilon_2}{\varepsilon_1+\mu\varepsilon_2}\right)=29.4121,$$

计算得：

$$s_{\sigma_1}=\sqrt{0.0314+0.0025+0.3885+0.1164}=0.7340\ (\mathrm{kg/cm^2})$$

同理，可求得主应力 σ_2 的标准误差。

综上所述得到如下结论：

（1）系统误差可以想办法减小或避免。

（2）偶然误差无法避免，但可反复多次测量，最后取其算术平均值，此值即为最优值。

（3）用线性拟合方法将由实验采集的两个量之间存在明显线性关系的一组数据拟合为直线，此直线的斜率为代表的量的最优值。

（4）如理论值已知，则可与算术平均值比较，进行误差计算。

（5）如无理论值，则应根据仪器的精度来确定测量结果本身的最大误差，由此估计真值。

（6）已知多次直接测量值，进行标准误差计算。

第二章　实验设备和仪器简介

第一节　微机控制电液比例（或伺服）万能试验机

在材料力学实验中，最常用的仪器是万能试验机。它可以进行拉伸、压缩、剪切、弯曲等实验，故习惯上称它为万能试验机。万能试验机有多种类型，微机控制电液比例（或伺服）万能试验机具有一定的代表性。

微机控制电液比例（或伺服）万能试验机是现代机械技术、液压技术、传感技术、控制技术和计算机技术相结合的产品，是由手动控制、度盘指针记录载荷的液压万能试验机发展而来的。由于采用了先进的控制元件，电子测量传感器和计算机技术及实验操作软件，使得试验机可在应力、应变闭环控制下完成多项力学性能测试。既减轻了操作劳动强度和操作中的失误，又能完成人工难以实现的测试过程。下面以具有代表性的 WAW－300B 型微机控制电液比例（或伺服）万能试验机为例进行介绍。

WAW－300B 型微机控制电液比例（或伺服）万能试验机由加载（主机）系统、液压系统、测控系统（电液比例控制器或伺服控制器）和计算机系统组成（图 2－1－1）。

试验机加载（主机）由底座 7（底座中央装有液压缸 22）、传递载荷框架、移动横梁和移动横梁驱动机构组成。传递载荷框架由上横梁 17（含上拉伸液压钳口）、两根光杠 19、与液压缸 22 连接的试验台 10 组成（含下压盘）。移动横梁驱动机构由垂直安装在底座 7 上的可旋转的两根丝杠 11，与丝杠螺纹连接的移动横梁 15（含上压盘与下拉伸液压钳口），驱动两丝杠同步旋转的链条、链轮 9 及电动机组成。移动横梁与传递载荷框架的上横梁形成拉伸空间，移动横梁与传递载荷框架的试验台形成压缩空间。实验前，启动电动机，电动机通过链传动，驱动两丝杠同步旋转，从而使移动横梁在丝杠上水平地上、下移动，以调整实验空间。实验时，移动横梁静止不动，传递载荷框架由活塞 8 推动向上运动，这样就给加在拉伸空间的上下液压夹头之间的试样一拉的载荷、给压缩空间的试样一压的载荷，实现拉伸、压缩、弯曲、剪切等实验。底

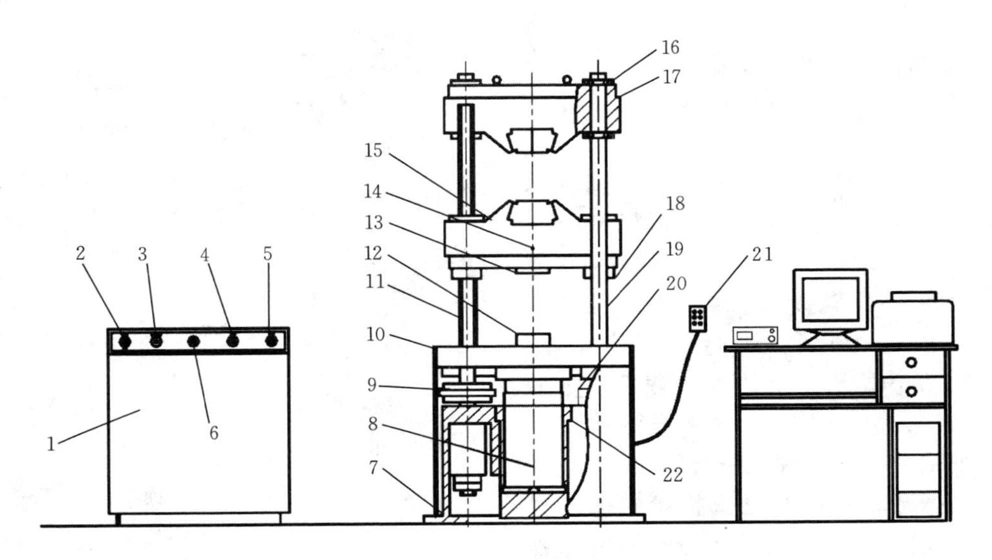

图 2-1-1　微机控制电液比例（或伺服）万能试验机结构示意图

1. 油源　2. 电源开关　3. 滤油报警　4. 启动按钮　5. 急停按钮　6. 控制调节阀　7. 底座　8. 活塞　9. 链轮　10. 试验台　11. 丝杠　12. 下压盘　13. 上压盘　14. 压盘锁销　15. 移动横梁　16. 光杠锁紧螺母　17. 上横梁　18. 锁紧螺母　19. 光杠　20. 位移传感器　21. 移动横梁控制盒　22. 液压缸

座 7 与试验台 10 之间装有行程开关，一旦活塞 8 上升超过允许范围，触碰到行程开关，立即断电停止油泵工作。液压夹头工作和移动横梁活动用移动横梁控制盒 21 操作。试验机电源开关 2、油泵启动按钮 4、急停按钮 5 和控制调节阀 6 安放在液压系统的油源 1 机箱上。

液压系统由机箱、油箱、油泵电机组、电液比例流量阀（或电液伺服流量阀）、压力传感器、液压夹头阀组及其他液压元件组成。液压系统向加载（主机）系统液压缸 22、液压夹头油缸输送一定流量的高压油，使油缸产生所需的载荷和位移。

测控系统由安装在油路上的压力传感器、安装在工作平台与底座之间的光电编码器（位移传感器）、测量试样标距之间变形的电子引伸仪（计）、双路测量放大器（含 A/D 转换）、比例功率放大器（含 D/A 转换）、电液比例阀（或电液伺服阀）、控制电路、强电拖动和微机及试验软件组成。微机直接参与对试验机的控制，进行数据输出、获得、处理、储存和打印。电路框图如图 2-1-2 所示，图中虚线框为电液伺服控制系统。工作时，计算机发出指令，电液比例阀或电液伺服阀按照指令使油缸按给定方式输出力或位移，通过传递负荷框架，对试样施以拉伸或压缩载荷。压力传感器、应变引伸仪或位移传感器分别将感受到的载荷、位移或变形机械量转变为电信号，经双路测量放大器放大和 A/D 转换器转换为数字形式，一方面，经操作平台和试验软件，自动记录、显示并绘出载荷—延伸曲线；另一方面，对于电液比例控制系统来说，微机系统采集信号后，根据试验目的和已选择给定的信号与元件（压力传感器、位移传感器或应变引伸仪），将实测信号与给定信号进行比较，将差值作为反馈信号，再经比例功率放大器放大，D/A 转换器转换，送到电液比例阀，从而控制来自油源的高压油至油缸，使油缸按给定方式输出力或位移，通过传递载荷框架，对试样施以拉伸或压缩载荷，使控制系统实现闭环控制。对于电液伺服系统控制来说，测量信号经双路测量放大器放大和 A/D 转换后，不经计算机比较，而是作为输出信号反馈给电液伺服阀（含功率放大器、D/A 转换）经功率放大和 D/A 转换与输入信号比较，（如有差异，伺服控制放大器控制伺服阀改变进油大小）使输出与输入信息达到一致，从而控制（来自油源的）高压油至液压缸，使液压缸按给定方式输出载荷或位移，通过传递载荷框架，对试样施以拉伸或压缩载荷，使控制系统实现闭环控制。

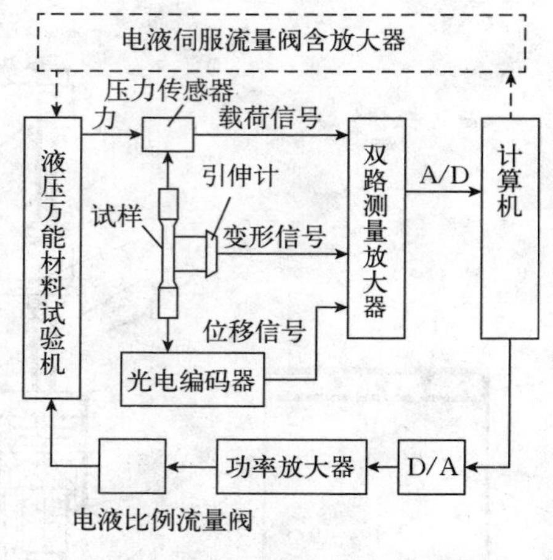

图 2-1-2　电液比例（或伺服）控制电路框图

WAW-300B 型微机控制电液比例万能试验机和 WAW-300B 型微机控制电液伺服万能试验机在 Windows 操作系统下的 MaxTest 或 Smartest 软件用户操作界面下进行实验。这两种操作主界面基本相同。图 2-1-3 为 MaxTest 软件用户操作主界面。

一、主要技术参数

表 2-1-1 为 WAW-300B 型微机控制电液比例万能试验机与 WAW-300B 型微机控制电液伺服万能试验机主要技术参数。

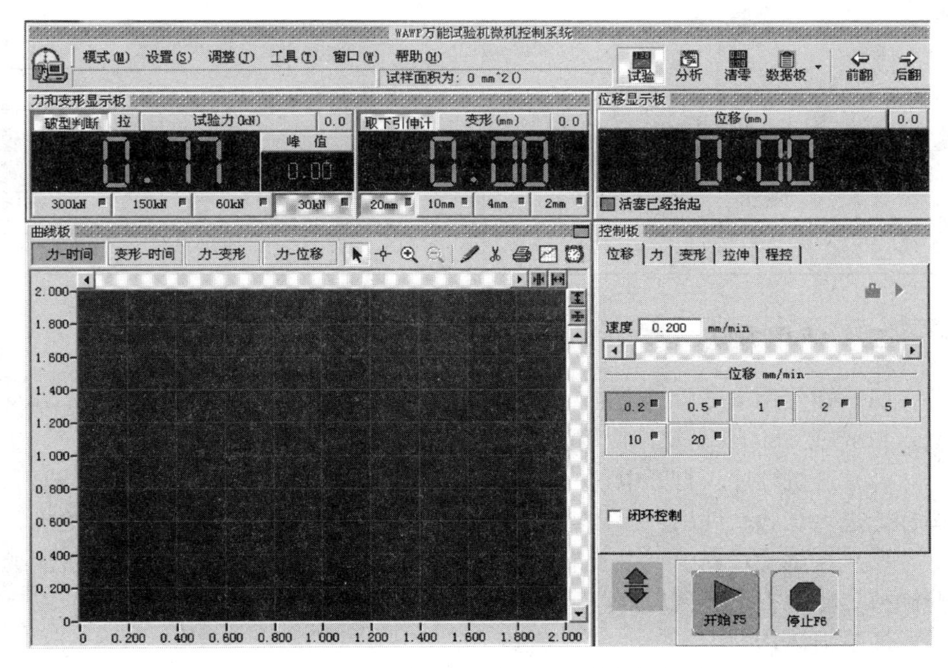

图 2-1-3　MaxTest 软件用户操作主界面

表 2-1-1　WAW-300B 型微机控制电液比例（或伺服）万能试验机主要技术参数

项　　目	技术参数	
	电液比例	电液伺服
最大载荷（示值相对误差±1%）	300 kN	
活塞行程/mm	150	
横梁移动速度/(m·min^{-1})	0～400	
拉伸空间最大值/mm	450	550
压缩空间最大值/mm	600	
立柱间有效距离/mm	460	
夹持圆试样直径/mm	Φ10～20、Φ20～32	Φ6～26、Φ20～32
夹持板试样厚度/mm	0～30	0～15
弯曲试样两点距离最大值/mm	300	
剪切试样断面尺寸	Φ10 mm	
位移测量范围（分辨率 0.01/mm）	0～150 mm	

（续）

项　目	技术参数	
	电液比例	电液伺服
应力速率范围	1～30 MPa·s^{-1}	1～60 MPa·s^{-1}
应变速率范围	0.000 25～0.002 5 s^{-1}	
活塞空载速率	0～130 mm·min^{-1}	
精度等级	1级	0.5级

二、使用方法

（1）在使用本试验机之前，必须阅读本试验机的使用方法操作规程，以及MaxTest或Smartest软件使用说明。

（2）开机顺序：打开电源→计算机→比例控制单元→鼠标点击MaxTest图标，进入试验软件用户操作界面。打开电源→开启油泵。以相反顺序关机。

（3）在试验过程中，由于某种意外原因，油泵突然停止工作，应将所加载荷卸掉。待检查出原因后，再重新启动油泵进行试验。不得带载荷启动，以免造成油泵损坏。

（4）调整压缩空间和拉伸空间移动横梁位置时，绝对不得将移动横梁脱出丝杠的螺纹。不得使用移动横梁给试样加载。

（5）实验前，在软件用户操作主界面控制面板控制油缸界面，点击“上升”按钮使活塞升起10 mm，以消除自重，将测力系统清零。

（6）在软件用户操作界面选择试验项目：点击数据板右面的黑三角下拉菜单，选择要做的试验项目。

（7）建立试样数据：点击“数据板”，再在工具栏上点击“新建”按钮，输入试样相应数据后，点击“新建”按钮，再点击“确定”按钮。

（8）在控制面板上：

（a）选择试验控制方式和试验速度；

（b）选择曲线显示形式；

（c）选择闭环控制。

（9）实验开始之前需要给测量系统调零。使用主菜单的“清零”按钮为载荷、变形和位移全部“清零”。使用载荷、变形和位移显示板的“清零”按钮，进行各自清零。

（10）做拉伸试验时，根据试样形状与尺寸选择相应的夹头块。夹持试样时，先夹上夹头，再调整移动横梁到适当位置，再装夹应变引伸仪。然后点击主菜单的“清零”按钮，最后夹持试样另一端（下夹头）。试样装夹完毕，不得再移动下夹头，如若要动，必须打开下夹头。

（11）如使用引伸仪，需要在变形显示板区，点击“取下引伸仪”按钮，将应变引伸仪接入系统（测量精度 0.001）。再点击局部“清零”按钮。如要拿下引伸仪，则需先点击“取下引伸仪”按钮，将位移传感器接入系统（测量精度 0.01），再迅速拿下引伸仪。这样曲线才能光滑。

（12）一切准备就绪，在控制板上点击“开始”按钮。

（13）实验过程中，请密切关注实验进程，不要进行任何无关的操作，以免给控制造成影响。不要触碰引伸仪导线。如果出现异常情况，必要时进行人工干预，在控制板上点击“停止”按钮，待排除故障后方可继续实验。

（14）当试样断裂时，系统自行判断试样断裂，自动停止。否则需要人工点击“停止”按钮，终止实验。

（15）实验结束后，系统会自动保存实验数据。测量试样有关数据并输入数据板，系统会根据试样原始数据与测试数据自动计算所选定的指标项。

（16）打印实验报告，可根据用户的需要选择打印实验报告项目。

（17）如需人工处理数据，可用曲线板菜单栏的曲线定位“+”按钮，得到所需要的对应的 F，ΔL 值。点击曲线定位“+”按钮，鼠标将变为“+”形，鼠标移至曲线上某点时，在曲线板菜单栏就会出现此点对应的 F，ΔL 坐标值。

（18）实验结束后，先取下试样，再点击控制板的“复位”按钮卸载。恢复原来正常状态，将试验机擦拭干净。

（19）为使学生巩固理论知识，训练动手能力，要求人工处理数据。单击主屏幕“打开”图标，输入文件名调出实验曲线。单击“读点”图标，鼠标变为“十”字交叉形状且交点不离开曲线，移动鼠标在曲线上找到需求的特征值。

（20）在使用计算机时，不得将位移传感器（光电编码器）、变形传感器（应变引伸仪）、控制器等插头从计算机主机上拔出。否则，将烧坏其芯片。

（21）对于较硬的表面较光滑的平板等，试样可能出现夹持打滑现象，此时可保持按下移动横梁控制盒的上、下松紧按钮开始实验，当力值达到一定值（根据试样情况可选择 3～5 kN）时再放开。

第二节　电子扭转试验机

电子扭转试验机可对试样施加扭矩，可测量、记录扭矩与扭角值，并由

$X—Y$ 记录仪绘制扭矩-扭角曲线，是集机械技术、电子技术、控制技术、微机及实验软件技术于一体的先进设备。其类型较多，构造也各有不同。主要由主机加载系统、测控系统、操作面板及数字显示屏构成，如图 2-2-1 所示。与计算机相连可实现控制、检测和数据处理的自动化。

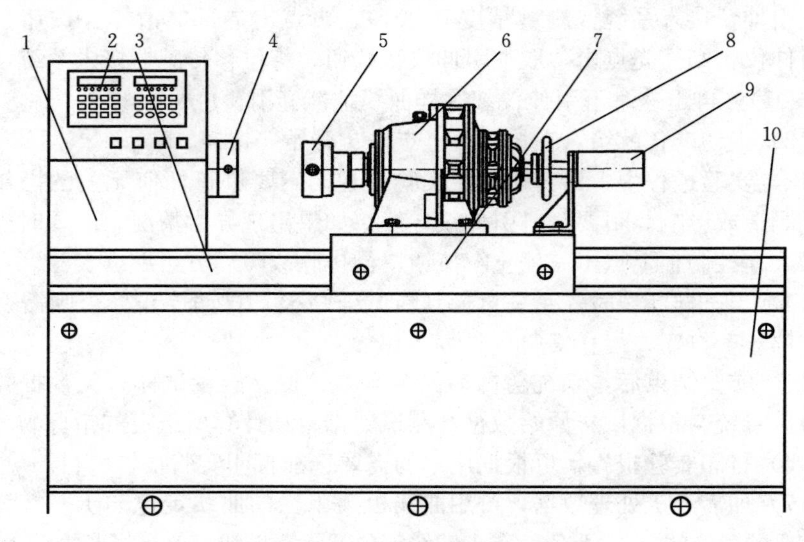

图 2-2-1　电子扭转试验机结构示意

1. 控制箱　2. 控制面板　3. 导轨工作平面　4. 固定扭转夹头　5. 活动扭转夹头
6. 减速器　7. 移动工作台　8. 手动调整轮　9. 伺服电机　10. 机座

主机加载系统以伺服电机 9 为动力源，通过减速器 6 减速，将动力传到主轴，主轴带动活动扭转夹头 5 旋转，对加在活动扭转夹头与固定扭转夹头 4 间的试样施加扭矩。夹头传来的力矩由固定扭转夹头端的传感器测量；光电编码器和传动系统组成转角测量单元。测控系统采用单片机作为主控芯片（含仪表放大器、数模转换器）、伺服电机为动力和控制元件，扭矩传感器与扭角测量单元将感受到的扭矩机械量与扭角脉冲数转变为电信号，通过主控芯片转变为数字信号，这一信号一方面通过 $X—Y$ 记录仪准确记录并显示扭矩、扭角及曲线，另一方面通过主控芯片作为反馈信号进入伺服电机，伺服电机调整输入输出实现闭环控制。

电子扭转试验机自身带有显示屏和控制键盘，测控系统电路上配置有保存载体，可通过自身键盘对设定参数进行修改，确保在长期不开机时所设定的试验参数不会丢失；配有标准串行通信接口；可使用操作面板独立操作并显示扭矩、扭角值和即时扭转角速度；也可与计算机连接实现控制、检测和数据处理的自动化操作。现以 RG－500 型微机控制电子扭转试验机为例介绍使用方法。

一、主要技术参数

（1）最大扭矩：500 N·m。

（2）扭矩测量范围分 7 挡，即 0～1% FS、0～2.5% FS、0～5% FS、0～10% FS、0～25% FS、0～50% FS、0～100% FS，其中，1% FS、2.5% FS 二挡参考使用。

（3）扭转角测量范围：0～100 000°。

（4）扭转角速度范围：0.01～1 000°/min。

（5）扭矩测量精度：示值的±1%以内扭转角测量。

（6）扭转角测量精度：示值的±1%以内。

（7）扭转夹头间最大试验间距：550 mm。

（8）电机电源电压：～220 V；电机功率：1.5 kW。

二、使用方法

微机控制操作时，与计算机联机成功后，“扭矩显示窗口”显示“PC”字样，屏蔽所有操作，显示功能无效，控制权交于计算机。微机控制时软件为全中文用户界面，可设置实验参数、自动进行数据的采集与处理，可打印实验报告，包括扭矩-转角曲线，可进行软件标定，并具有超载保护功能。

（1）在使用本试验机之前，必须了解本试验机的结构、工作原理及其 RGDtest 软件使用说明。

（2）开机：接通电源。先打开试验机电源开关、控制器开关，再打开计算机所有外设，最后打开计算机主机。

（3）运行方式：双击桌面上 RGDtest 图标，进入试验软件主界面。

（4）联机：单击主屏幕菜单［通信］→［联机］，此时，试验机控制面板应显示“PC”字样，否则重新联机。

（5）设置与试验机仪表连接的计算机串口：单击主屏幕菜单［通信］→［串口设置］选 com1。

（6）软件设置：单击主屏幕菜单［试验设置］→［硬件设置］，出现“测试范围”对话框，在载荷传感器下选一号传感器，在变形传感器下选相应的传感器。单击“下一步”，出现“软件设置”对话框，框中“试验开始设置”一般不选，“试验结束是否反车”依情况而定。“试验结束条件”和“速度切换”中的数值，根据所用试样材料的机械性能，依经验数据或估计性能数值，确保试验能够顺利而快速完成而定。单击“下一步”进入“环境参数”设置界面，其中“试样个数”是定义一组试验的试样个数，其余参数不参与试验，只作为打印试验报告的表头使用。单击“下一步”进入“运行参数”界面，其中“预加扭矩”，建议设0.5～1 N·m，其他根据实际情况而定。单击“确定”，软件设置结束。经实验教师检查无误后，方可进行下一步。

(7) 装夹试样：根据试样的头部形状，在扭转夹头上安装合适的钳口或衬套，先把试样夹紧于固定扭转夹头端上，再旋转和移动活动扭转夹头到适当方向和位置，把试样夹紧。并确保试样和夹具中心线同轴。

(8) 试样装夹完毕，按下试验机控制面板上的“机械调零”按钮，转动手动调整轮调扭矩值接近0，不可使用软件主界面的“清零”键。角度显示屏的数值可用软件主界面的“清零”键清零。切记调零后弹起“机械调零”按钮，否则将不能进入实验。

(9) 按“RUN”按钮或单击［控制盒］→［运行］，开始实验。

(10) 根据需要可在运行中重新改变运行速度。试样扭断后，试验机自动停机。

(11) 保存试验数据，实验结束后将弹出对话框，输入文件名，点击“确定”按钮。卸下试样。

(12) 打印结果：点击主菜单［运行结果］→［数据选择］，弹出“扭转试验”对话框，选择报告中需要的数据项目及结果显示方式→［确定］。再点击主菜单［运行结果］→［结果显示］→［打印报告］。

(13) 如需人工处理数据，可以调出数据，单击主屏幕的“打开”图标，输入文件名，调出实验曲线。单击“读点”图标，鼠标变为“+”字交叉形状且交点不离开曲线，移动鼠标在扭矩、扭角显示板上出现对应的坐标值。

(14) 试验完毕后，应将试验机擦拭干净，并恢复原来正常状态。

第三节　电测应力分析

电测应力分析简称电测法，又称电阻应变测量技术，可用于测定构件的表面应变，再根据应力与应变之间的胡克定律，确定构件的应力状态。具有下列优点：①测量灵敏度与精度高，其最小应变读数为10^{-6}，在测量常温下静态应变时精度可达1%；②频率响应好，可以测量从静态到数十万赫的动态应变；③测量应变范围广，一般可测量从 10^{-6} 到 2%的应变值，采用特殊大应变片可测量到 20%的应变值；④易于实现测量数字化、自动化及无线电遥测；⑤可在高（低）温、高速旋转、高压液下、强磁场及核辐射等环境条件下进行测量；⑥可制成各种传感器，测量力、压力、位移、加速度等物理量，在工业中作为控制或监视的敏感元件。但也有其缺点：①一个应变片只能测定构件表面上一点某一方向的应变；②现在应变片最小栅长为 0.2 mm，但仍有一定的长度，只能测得栅长范围内的平均应变。

电测应力分析可看成由电阻应变片、电阻应变仪及记录仪三部分组成。其工作原理大致如下：将电阻应变片固定（粘贴）在被测的构件上，当构件变形时，电阻应变片的电阻值发生相应的变化。通过电阻应变仪中的电桥将此电阻值变化转变为电压或电流的增量，并经放大器放大，最后换算成应变值或输出与应变成正比的模拟电信号（电压或电流），输入记录仪进行记录，也可输入计算机按预定的要求进行处理，得到所需要的应力和应变数值。

电阻应变片是电测应力分析方法中感受与传递应变的敏感元件。电阻应变仪是电测应力分析方法中测量微小应变的精密仪器。

一、电阻应变片

电阻应变片是把由电阻丝往复绕成的敏感栅用黏结剂固定在绝缘基底上，两端加焊引出线，并加盖覆盖层而成的。电阻应变片的灵敏系数不但与电阻丝的材料有关，还与电阻丝的往复回绕形状、基底和粘贴层等因素有关，一般由制造厂用实验的方法测定，并在成品上标明。

常温应变片有丝绕式应变片、箔式应变片和半导体应变片等。丝绕式应变片用直径为 0.02～0.05 mm 的康铜丝或镍铬丝绕成栅状（敏感栅），基底和覆盖层用绝缘薄纸或胶膜，引出线为 0.25 mm 左右的镀银铜线，以便焊接导线。这种应变片的栅长难以做得很小，但价格便宜，使用广泛。

箔式应变片用厚为 0.003～0.01 mm 的康铜或镍铬箔片，涂以底胶，利用光刻技术腐蚀成栅状，再焊上引出线，涂上覆盖层。这种应变片尺寸准确，可制成各种形状，散热面积大，可通过较大电流，基底有良好的化学稳定性和良好的绝缘性。适宜于长期测量和高压液下测量，并可作为传感器的敏感元件。

半导体应变片的敏感栅为半导体，灵敏系数高，用数字欧姆表就能测出它的电阻变化，可作为高灵敏度传感器的敏感元件。

此外，还有多种专用应变片，如高温应变片、残余应力应变片、应变花等。应变片的基本参数为：标距 l、宽度 b、灵敏系数 k 和电阻值 R。

二、电阻应变仪

(一) 测量电桥

电阻应变仪是测量微小应变的精密仪器，主要由测量电桥、放大电路及数字模拟转换电路构成。测量电桥将感受到的电阻值变化，转变为电压或电流的增量，并经放大器放大，最后换算成应变值由显示屏显示。当与计算机连接时，可以迅速处理大量的实验数据。

测量电桥通常采用四臂电桥（惠斯顿电桥）。图 2-3-1 中四个桥臂 AB、BC、CD 和 DA 的电阻分别为 R_1、R_2、R_3 和 R_4。在对角节点 A、C 上接电压为 E_1 的直流电源后，另一对角节点 B、D 为电桥输出端，输出端电压为 U_{BD}。通过推导：

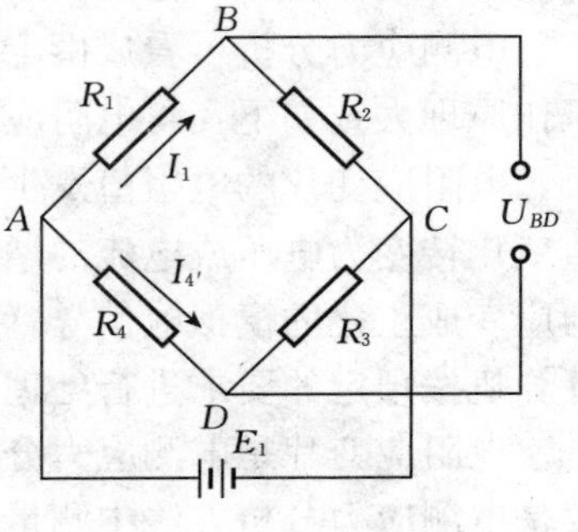

$$\Delta U_{BD}=\frac{E_1}{4}\left(\frac{\Delta R_1}{R}-\frac{\Delta R_2}{R}+\frac{\Delta R_3}{R}-\frac{\Delta R_4}{R}\right) \quad (2-3-1)$$

图 2-3-1 测量电桥

$$\Delta U_{BD}=\frac{E_1 k}{4}\left(\varepsilon_1-\varepsilon_2+\varepsilon_3-\varepsilon_4\right) \quad (2-3-2)$$

式（2-3-1）、式（2-3-2）表明：

(1) 由应变片感受到的（$\varepsilon_1-\varepsilon_2+\varepsilon_3-\varepsilon_4$），通过电桥可以线性地转变为电压的变化 ΔU_{BD}。只要对 ΔU_{BD} 进行标定，就可用仪表指示出所测定的（$\varepsilon_1-\varepsilon_2+\varepsilon_3-\varepsilon_4$）。

(2) 相邻桥臂的电阻变化率（或应变）相减，相对桥臂的电阻变化率（或应变）相加，即测量电桥的加减特性。在电测应力分析中合理地利用这一特性，合理地选择组桥方式，将有利于提高测量灵敏度并降低测量误差。

(二) 测量电桥的基本接法

电阻应变仪的另一个作用是配合粘贴在构件上的应变片组成测量电桥。测量电桥的四个臂可由应变仪内部的标准电阻与外部的粘贴在构件上的应变片组成，测量电桥基本接法有以下几种：

1. 全桥测量接法

四个桥臂都接构件上的电阻应变片时，称为全桥测量接法。

2. 半桥测量接法

有时电桥四个臂中只有相邻桥臂 R_1 和 R_2 为粘贴于构件上的电阻应变片，

其余两臂接电阻应变仪内部的标准电阻时，称为半桥测量接法。

半桥测量接法可以看作是，全桥测量接法中 $\Delta R_3=\Delta R_4=0$（即 $\varepsilon_3=\varepsilon_4=0$）的特殊情况。

3. 单臂测量温度补偿（1/4 桥测量温度补偿）**电桥**

若半桥测量中只有一枚应变片产生机械变形，另一枚不参与机械应变，则称为单臂测量电桥。

实测时应变片粘贴在构件上，若温度发生变化，因应变片与构件的线膨胀系数并不相同，且应变片电阻丝的电阻也随温度变化而改变，所以测量的应变将包含温度变化的影响，不能真实反映构件因受载荷引起的应变。为消除温度变化的影响，在测量桥臂上合理地接入温度补偿片，根据电桥的加减特性原理可以消除温度变化带来的误差，提高测量精度。温度补偿有下述两种补偿方法：

（1）在待测结构外部另用补偿块。补偿块是在与承受载荷构件相同的一块材料上粘贴相同的应变片，这块材料不受载荷的作用，与被测构件处于相同的环境中。补偿块只有温度应变，且因材料和温度都与构件相同，温度应变也与构件相同，将其与构件上的应变片接入相邻的桥臂，它们的温度应变相互抵消。

（2）在构件测点附近就有不产生应变的部位，把补偿片贴在这样的部位上，与采用补偿块效果是一样的。例如，纯弯曲梁的中性层部位。

4. 工作片补偿接法

当两测量应变片的应变关系已知时，将其接在相邻的桥臂上，温度带来的应变就会抵消。这种补偿片也参与机械应变的方法，称为工作片补偿接法。常用于高速旋转机械或测点附近不宜安置补偿块的情况。这种接法不仅自动消除温度带来的误差，并且使测量灵敏度得到提高。

上述单臂测量温度补偿电桥、工作片补偿接法两种温度补偿方法都是半桥接线。

5. 全桥对臂温度补偿测量电桥接法

有时电桥四个臂中只有两对臂 R_1 和 R_3 为粘贴于构件上的电阻应变片，其余两对臂接温度补偿片，这种接法称为全桥对臂温度补偿测量电桥。

（三）数字静态电阻应变仪

电阻应变仪按测量应变的频率可分为静态电阻应变仪、静动态电阻应变仪、动态电阻应变仪和超动态电阻应变仪。测量静态应变时，可以人工直接读数记录，但测量动态应变时必须应用记录器录下动态应变波形，然后进行分析，应变测量常用记录器有描笔试记录器、光线示波器、磁记录器、电子示波器（阴极射线示波器）、多通道数据采集记录仪等。下面介绍数字静态电阻应变仪。

数字静态电阻应变仪是把测量电桥因构件变形产生的电压信号直接进行放大处理。图 2-3-2 为数字静态电阻应变仪电原理方框图，电压变换器供给测量电桥稳定的直流电压，测量电桥产生的微弱电压信号，即式（2-3-2）中的 ΔU_{BD}，通过放大器放大和有源滤波器滤波，变为放大的模拟电压信号，经 A/D 转换器，最后将电压 ΔU_{BD} 转换为数字量。由式（2-3-1）知 ΔU_{BD} 应与（$\varepsilon_1-\varepsilon_2+\varepsilon_3-\varepsilon_4$）成正比，经过标定（标定环节在仪器出厂前已由厂方完成），再将电压量转换成应变。这样，应变仪数字显示表头显示的数字即为（$\varepsilon_1-\varepsilon_2+\varepsilon_3-\varepsilon_4$）的值，即

$$\varepsilon_r=\varepsilon_1-\varepsilon_2+\varepsilon_3-\varepsilon_4 \qquad (2-3-3)$$

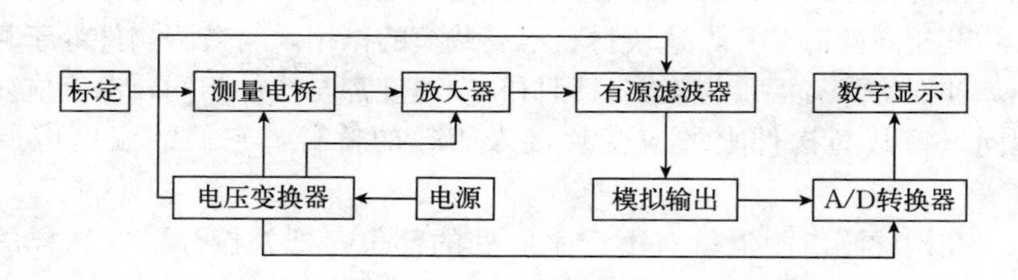

图 2-3-2　数字静态电阻应变仪电原理方框图

为消除应变片灵敏系数 k 与应变仪灵敏系数 $k_{仪}$ 不同造成的影响，静态电阻应变仪在测量前要先进行标定。以 YJ-31 型数字静态电阻应变仪为例介绍使用方法。其面板、背板如图 2-3-3 所示。

将仪器的附件标准电阻接到图 2-3-3（a）的 A、B、C 接线柱上，拧紧三点连接片，组成全由标准电阻组成的测量电桥。使选择开关指向测点 1，调整电阻平衡电位器“调零”按钮，使数字显示表头显示±0000，这表示测量电桥已处于平衡状态。按标定键，数字显示表头将显示一个特定数字，如 $c=10\,000$（不同厂家的产品 c 值不同），这相当于灵敏系数为 $k_{仪}=2$ 时的应变。设待测应变片的灵敏系数 $k=2.1$，于是求出标定数。

$$\frac{k_{仪}}{k}\times c=\frac{2}{2.1}\times 10\,000=9\,523$$

调整面板上的“调零”旋钮，使显示的数字为 $c'=9\,523$。松开标定键，应变仪应显示±0000。如不显示±0000，应再次调整电阻平衡电位器“调零”旋钮，使之平衡指零，然后重新标定。如此反复进行，直到标定时显示标定数

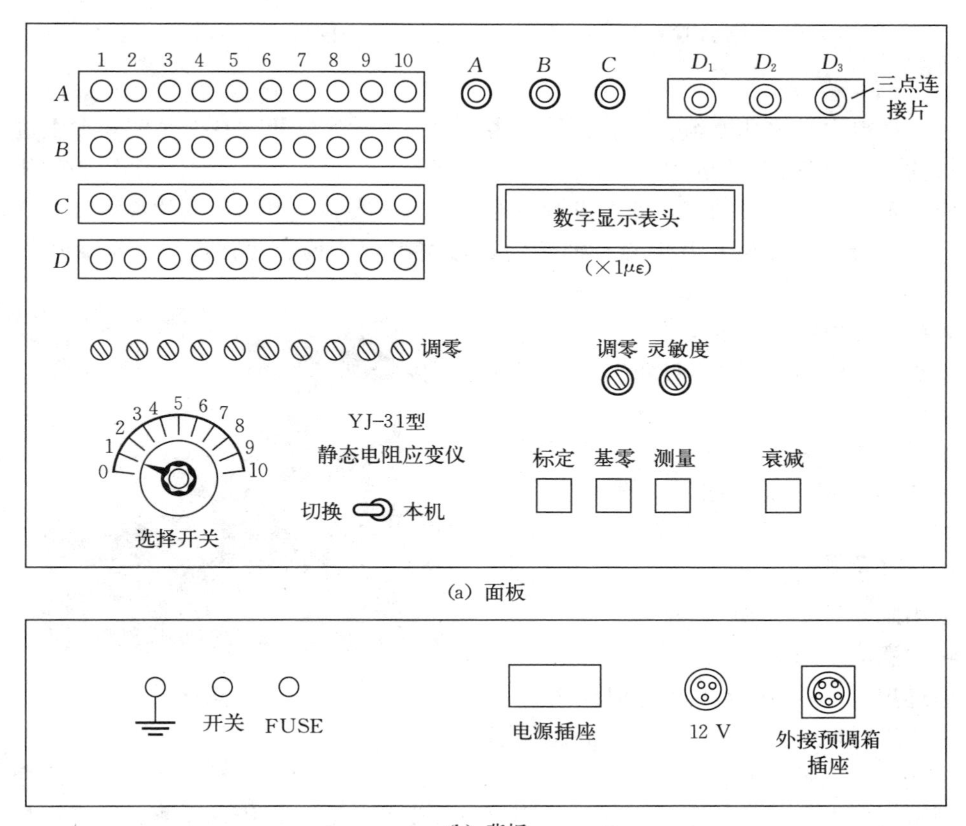

(a) 面板

(b) 背板

图 2-3-3　YJ-31 型数字静态电阻应变仪面板、背板

c，退出标定时显示±0000 为止。

标定完成后，卸下标准电阻，按半桥或全桥接线法接上应变片，调成平衡状态后即可加载测量。这时数字显示表头显示的数值即为应变，其单位为“με”，且正值为拉应变，负值为压应变。

如同时进行 10 个以内测点的应变测量，应把各点的待测应变片分别接到应变仪面板 1～10 的通道接线柱上。测量前利用选择开关和电阻平衡电位器“调零”旋钮，对每个测点组成的测量电桥逐点预调平衡。测量时，选择开关指向某一点，应变仪的读数即为该点的应变。

如要进行 10 点以上测点的应变测量，置“本机、切换”开关于“切换”状态，利用外接预调平衡箱进行测量。

第四节　BFCL－3材料力学多功能组合实验台

材料力学多功能组合实验台是将多个材料力学实验集中在一个实验台上进行的小型设备。使用时稍加准备，转动旋转臂，调整加载机构到各个实验的相应位置，然后拧紧固定，即可进行矩形梁纯弯曲实验、电阻应变片灵敏度系数标定实验、测 E 测 μ 及偏心拉伸实验、弯扭组合实验、等强度梁实验、压杆稳定实验、悬臂梁实验、钢铝叠梁实验和框架梁静定超静定实验等。该实验台主要由主机和CML－1H型静态电阻应变仪组成，如图2－4－1和图2－4－2所示。主机由机座平台、各种试样及其支座装置、加载机构（包括固定立柱、旋转臂、手轮、载荷传感器和拉压接头）组成。加载机构为内置式，采用蜗轮蜗杆及螺旋传动，将手轮的转动变成了螺旋千斤加载的直线运动，通过拉压力传感器及过渡加载附件对试样进行加载。CML－1H型静态电阻应变仪集测量应变和测量载荷两项功能于一体。载荷的大小与试样测点的应变分别由电阻应变仪的测载荷部分与测电阻应变部分测出。传感器测载荷通道与应变测试通道同时并行，工作互不影响。测载荷部分采用应变力（称重）传感器；应变测量部分采用现代应变测试中常用的预读数法自动桥路平衡的方法，采用LED多表头显示，与计算机联机，所有数据可由计算机分析处理打印。

图2－4－1　实验台主机

使用方法：

（1）实验前准备工作：

（a）将加载部分的实验试样与加载横梁对应安装，加载横梁及相连的拉压传感器与试样的加载附件连接。

（b）接线：按照实验要求的接桥方式，将实验试样应变片导线连接到操作面板电阻应变仪面板的端子上。

（2）实验开始：打开仪器电源，预热约20 min，输入传感器量程、灵敏度和应变片灵敏系数（一般首次使用时已调好，如实验项目及传感器没有改变，

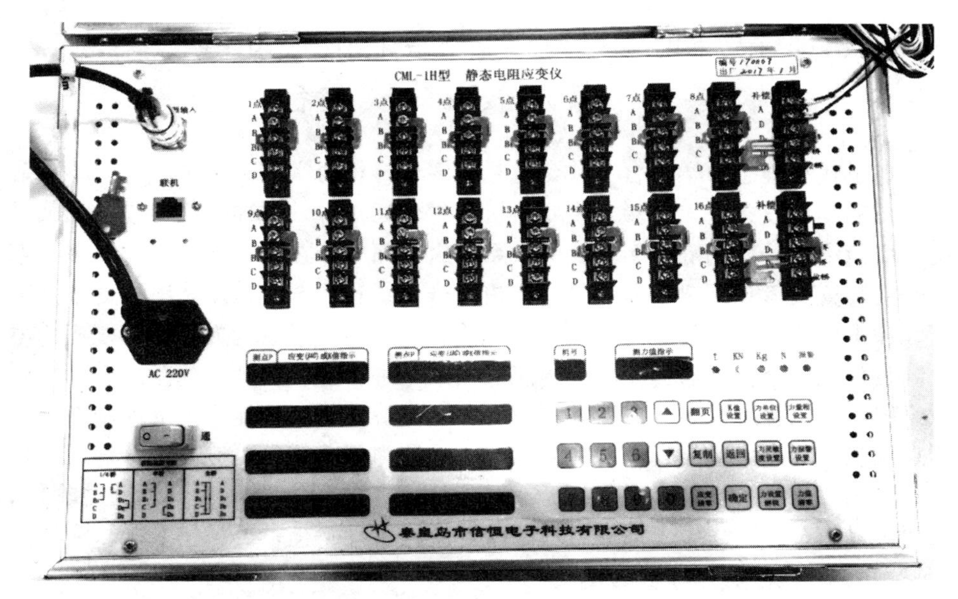

图 2-4-2　CML-1H 型静态电阻应变仪

可不必重新设置)，在不加载的情况下将测载荷量和应变量调至零。

(3) 预加载荷：顺时针旋转手轮加预载（预载荷大小根据实验梁而定)，加完预载后应变仪清零。

(4) 加载：看好加载标牌方向（图 2-4-3)，旋转手轮加载。加载每一个增量记录下应变仪的读数，至少重复操作 3 次，根据实验原理公式进行数据处理。

图 2-4-3　加载标牌方向

(5) 实验完毕：将实验台卸载，测力仪显示为零，关闭电源，整理、清理仪器和实验台。

第五节　DDT－4型电子式动静态力学组合实验台

电子式动静态力学组合实验台也是将多个材料力学实验集中在一个实验台上进行的小型设备。该实验台主要由机座主台架、各种试样及其支座、加载机构、载荷传感器和动静态多功能测试系统组合而成。在主台架上组合安装有直梁弯曲装置、等强度梁弯曲装置、弯扭组合及扭转装置、拉压装置、动态梁装置和冲击杆装置等。加载机构由杠杆螺旋和一个力传感器构成，加载杠杆传力系统分别在四个位置通过拉压力传感器对试样进行连续加载。动静态多功能测试系统，集动静态电阻应变仪和测力仪两台仪器功能于一体。力的大小与试样测点的应变分别由动静态多功能测试系统的测力部分与电阻应变部分逐级等量对应测出。该设备具有10路应变通道，与计算机联机，通过系统测试软件，软面板操作，可实现多个通道自动切换，桥路自动平衡；可扫描采样，测试数据显示为数据列表；每个通道均可实现动静态测试；所有数据可由计算机分析处理打印；设置有组桥接线板，采用弹性插口，试样上的应变片引线通过专用插头与插口相连，使用时把线头插入接口中，方便各种组桥接线。

动静态多通道测试系统外形如图2－5－1所示。

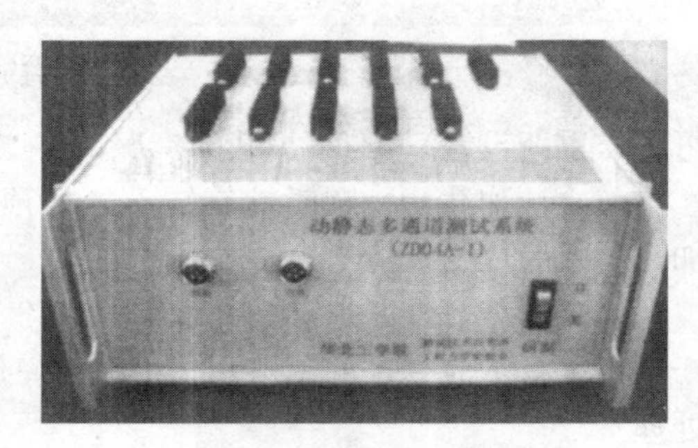

图2－5－1　动静态多通道测试系统外形

实验台的使用：

(1) 安装试样并调试正确。

(a) 纯弯梁装置：在两支座上面的槽中放入光杆，作为支承端。按直梁所画的刻线对准支承端和拉框受力端。调整加力器上的螺栓高度，作为过载限位。螺旋加载放大比1∶1。

(b) 等强度梁装置：用螺栓将梁固定在圆支座上，挂上加力框，调整加力杆上的螺杆高度作为过载限位，螺旋加载放大比1∶10。

(c) 弯扭装置：将圆筒按画线位置固定在固定架上，通过V形块夹紧。筒的右端装扭力臂用螺栓压紧，挂上加力框，调整螺杆作为过载限位，螺旋加载放大比1∶6。纯扭转实验时，筒的右端用活动支块支承，消除弯扭。

（d）拉压装置：将反向架、槽杆安装好，做拉伸试验在连接叉和槽杆间安装试样；做压缩试验在槽杆与反向架底部间安装试样。槽杆在导轨上下移动改变距离。螺旋加载，直接转动手轮，不论拉或压，传感器始终受拉向。加载手轮上下螺纹为左右旋。

（e）动态测试装置：动态测试装置分为动态梁与冲击杆，用螺栓将动态梁固定在圆支座上，在其一端安装上一小电动机及一偏心轮装置。将冲击杆安装在台面的一边，用铰链铰接，使其在直立状态下可以在一个方向上自由摆动。

（f）引线连接：各试样引线通过标准接口直接和接口板相连，传感器引线直接和测试仪连接。

（g）注意事项：①分项实验时，注意松开其余加载螺旋，使其不受力，防止相互干涉。②注意限位保护，防止过载。对于拉压实验无限位，应注意不允许过载。③实验台定位后使用地脚支承。④注意保护各应变片。

（2）图 2－5－2 为试样布片与面板接口对照图。按此图和实验原理将试样

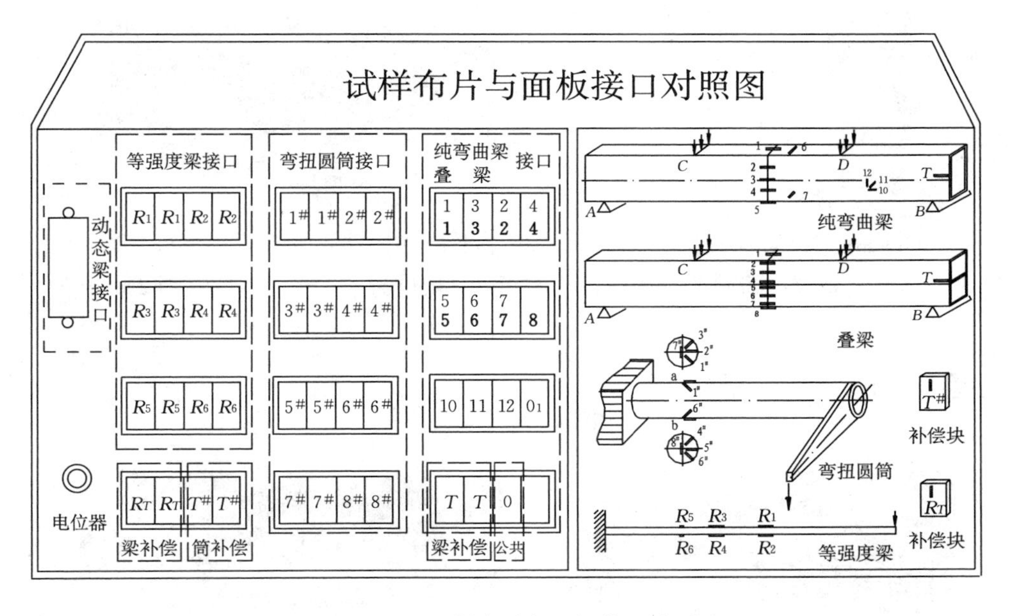

图 2－5－2　试样布片与面板接口对照图

1. R_1～R_6 为等强度梁上的应变片，R_T 为该梁的补偿片　2. $1^{\#}$～$8^{\#}$ 为弯扭圆筒的应变片，$T^{\#}$ 为该筒的补偿片　3. 1～7 为纯弯曲梁弯曲段上的应变片，0 为该 7 个应变片的公共连接端　4. 10～12 为纯弯曲梁横力弯曲段的应变花，0_1 为应变花的公共连接端，T 为纯弯曲梁的补偿片　5. 黑体 1～8 为叠梁 8 个应变片，其公共端仍为 0　6. 在动态梁接口处，有动态梁上的 4 个应变片的接口　7. 电位器为调节动态梁上电动机转速的旋钮

上的待测应变片与应变测试仪连接。

(3) 打开计算机，进入测试系统，登录界面。

(4) 输入班级、姓名和学号后进行登录。

(5) 选择装置号，出现警示对话框“请检查是否上电点或数据线是否连接?”后，打开动静态多通道测试系统的开关。点击“确定”按钮。

(6) 出现参数设置界面（图 2-5-3）。在通道选项中打钩选择连接的通道号，然后选择选用的接桥方式，继续下一步设置。

(7) 动态设置（图 2-5-4）中选择相应的通道、桥路、量程，选择所使用的实验装置，继续下一步设置。

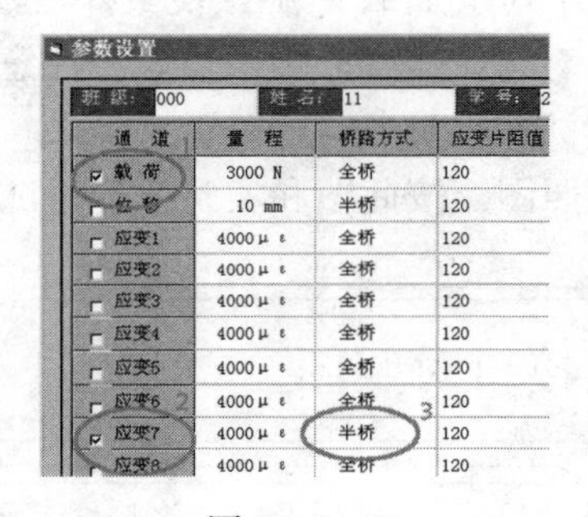

图 2-5-3

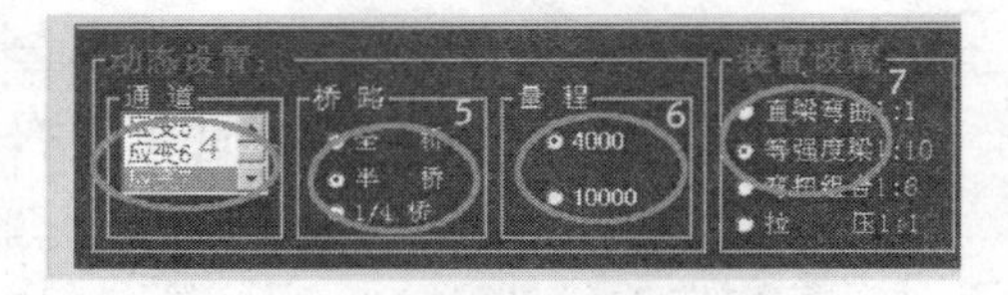

图 2-5-4

(8) 静态设置保持默认值即可，单击平衡使桥路平衡（图 2-5-5）。

(9) 将选择的桥路调平衡后，单击确定就可进行下一步的实验（图 2-5-6）。

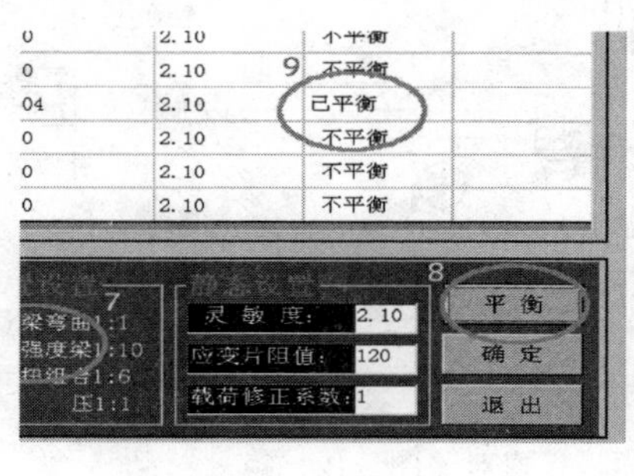

图 2-5-5

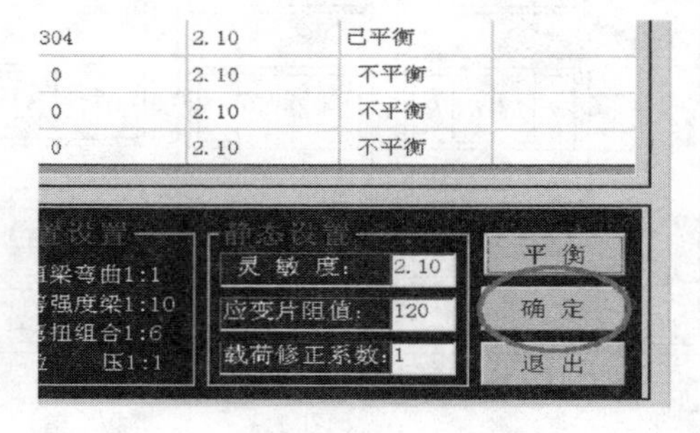

图 2-5-6

(10) 选择相应的采样方式和通道，然后选择采样设置（图 2-5-7）。

(11) 选择采样方式和通道后设置采样方式。

(12) 在采样设定中设定增量及最大值，然后单击采样即可加载进行实验

（图 2－5－9）。

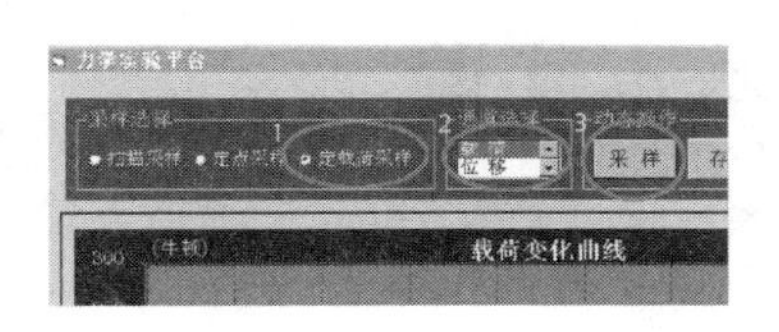

图 2－5－7

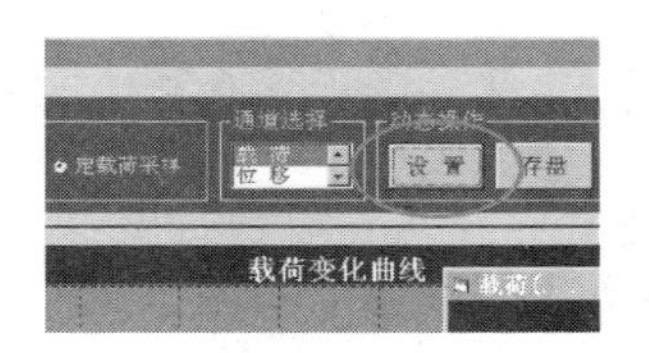

图 2－5－8

（13）在活动对话框中，显示所加载荷的数值，同时可以看到载荷变化曲线（图 2－5－10）。

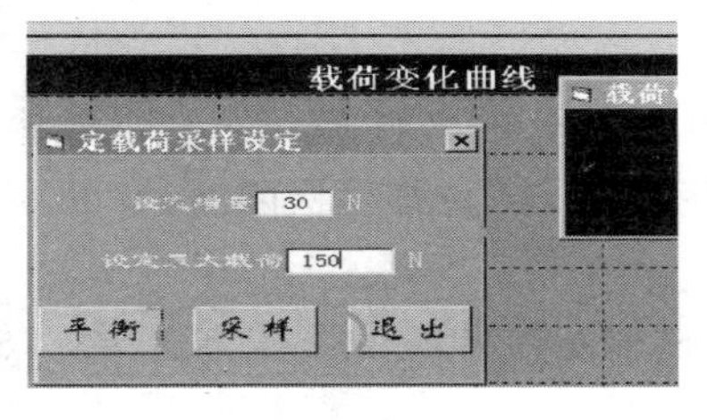

图 2－5－9

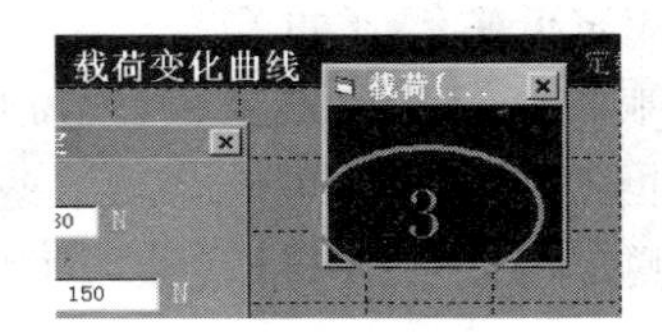

图 2－5－10

（14）屏幕上显示出随载荷增大的阶梯形曲线，在列表中可以看到载荷所对应的应变（图 2－5－11）。

（15）在图 2－5－12 列表中显示出该通道所测量出的对应载荷的应变值。

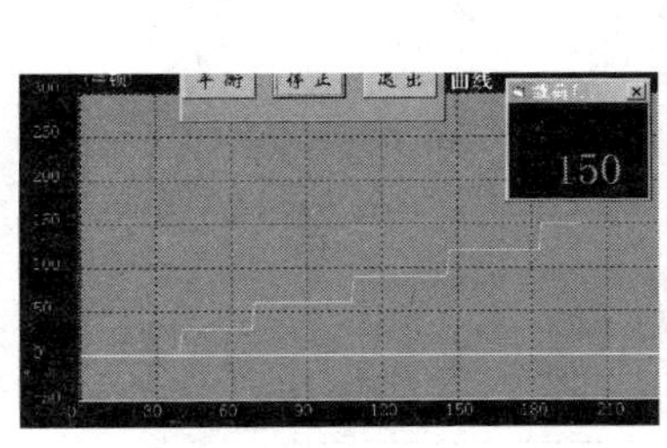

图 2－5－11

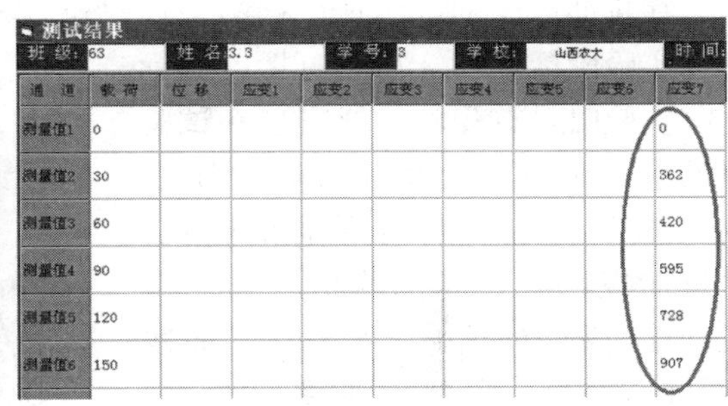

测试结果

班级：63　姓名：3.3　学号：3　学校：山西农大　时间：

通道	载荷	位移	应变1	应变2	应变3	应变4	应变5	应变6	应变7
测量值1	0								0
测量值2	30								362
测量值3	60								420
测量值4	90								595
测量值5	120								728
测量值6	150								907

图 2－5－12

第三章 基本实验

实验一 低碳钢、铸铁材料拉伸实验

一、实验目的

1. 了解万能材料试验机的结构和工作原理，熟悉其操作规程及正确使用方法；

2. 测定低碳钢（如 Q_{235} 典型塑性材料）的弹性模量 E、下屈服强度 R_{eL}（或称屈服极限、屈服点 σ_s）、抗拉强度 R_m（或称强度极限 σ_b）、断面收缩率 Z 和断后伸长率 A；

3. 测定铸铁（如 HT_{150} 典型脆性材料）拉伸时的抗拉强度 R_m（或称强度极限 σ_b）；

4. 观察塑性和脆性两种材料在拉伸过程中的各种现象及断口破坏特征。

二、实验原理及方法

（一）低碳钢

在拉伸试验前，测量试样的直径 d_o、实验段标距 L_o，等分标距并做标记。实验时，首先将试样安装在试验机的上、下夹头之间，并在标距段内安装引伸仪。然后开动试验机，缓慢加载，与万能试验机相连的微机会绘出载荷-延伸（$F-\Delta L$）曲线（图 3-1-1）、应力-延伸率（$R-A$）曲线或称应力-应变（$\sigma-\varepsilon$）曲线（图 3-1-2）。随着载荷的逐渐增加，材料呈现出不同的力学性能。图中起始阶段呈曲线，是由于试样头部在试验机夹具内有轻微滑动及试验机各部分存在间隙等原因造成的。分析时可将其忽略，直接把图中的直线段延长与横坐标相交于 O 点，作为其坐标原点。

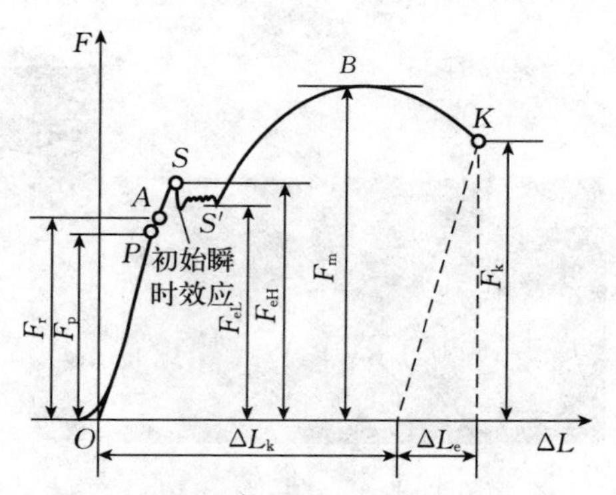

图 3-1-1 低碳钢拉伸实验 $F-\Delta L$ 曲线

注：延伸与延伸率分别为试验期间任意给定时刻引伸仪标距 L_e 的增量与用引伸仪标距 L_e 表示的延伸百分率。

1. 测弹性模量 E

低碳钢拉伸性能第一阶段：弹性变形阶段（OA），如图 3-1-1 所示。

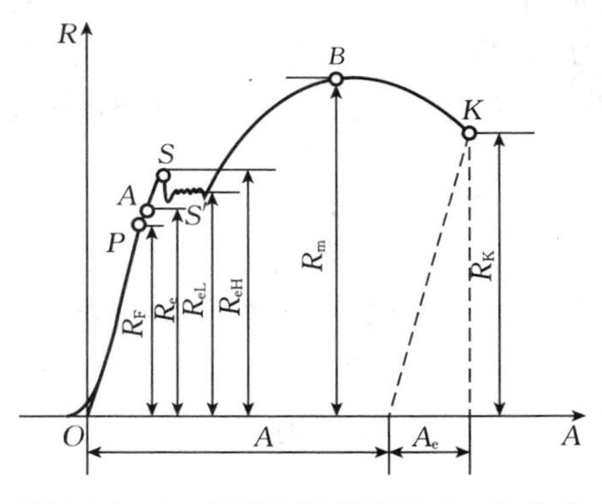

图 3-1-2　低碳钢拉伸实验 R-A 曲线

在拉伸的初始阶段曲线（OP 段）为一直线，说明应力与应变成正比，即满足胡克定律，此阶段称为线性阶段。线性阶段的最高点称为理论比例极限，线性阶段的直线斜率即为材料的弹性模量 E。线性阶段后曲线不再为直线（PA 段），应力与应变不再成正比，但若在整个弹性变形阶段卸载，应力与应变曲线会沿原曲线返回，载荷卸到零时，变形也完全消失。卸载后变形能完全消失的应力最大点称为材料的弹性极限。比例极限的定义在理论上很有意义，它是材料从弹性变形向塑性变形转变的分界点，但很难准确地测定出来。因为从直线向曲线转变的分界点与变形测量仪器的分辨力直接相关，仪器的分辨力越高，对微小变形显示的能力越强，测出的分界点越低，这也是为什么在最近两版国家标准中取消了这项性能的测定，而用规定塑性（非比例）延伸性能代替的原因。

在 OP 段：

$$E=\frac{\sigma}{\varepsilon}=\frac{FL_o}{S_o\Delta L} \qquad (3-1-1)$$

可见，在比例极限内，对试样施加拉伸载荷 F，并测出标距 L_o 的相应延伸 ΔL，即可求得弹性模量 E。在弹性变形阶段内试样的变形很小，测量变形需用分辨率为 0.1 μV 的电子引伸仪（或放大倍数为 1 000 倍，分度值 $\frac{1}{1\,000}$ mm 的球铰式引伸仪）。

为检查载荷与变形的关系是否符合胡克定律，减少测量误差，实验一般用等增量法加载，即把载荷分成若干相等的加载等级 ΔF（图 3-1-3），然后逐级加载。为保证应力不超出比例极限，加载前先估算出试样的下屈服载荷，以下屈服载荷的 70%～80%作为测定弹性模量的最高载荷 F_n。此外，为使试验机夹紧试样，消除引伸仪和试验机机构的间隙以及开始阶段引伸仪刀刃在试样上的可能滑动，对试样应施加一个初载荷 F_o，F_o 可取 F_n 的 10%。从 F_o 到 F_n 将载荷分成 n 级，且 n 不小于 5，于是

$$\Delta F=\frac{F_n-F_o}{n}\quad(n\geqslant5)\tag{3-1-2}$$

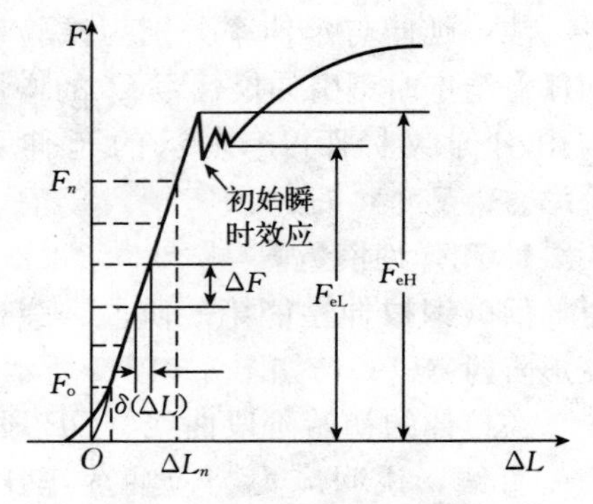

图 3-1-3　等增量加载测 E 载荷分级示意

例如，若低碳钢的屈服极限 $R_{eL}=235$ MPa，试样直径 $d_o=10$ mm，则

$$F_n=\frac{1}{4}\pi d_o^2R_{eL}\times80\%$$
$$\approx14\,800\text{ N}\quad(\text{取为 }15\text{ kN})$$
$$F_o=F_n\times10\%=1.5\text{ kN}$$

实验时，从 F_o 到 F_n 逐级加载，载荷的每级增量为 ΔF。对应着每个载荷 F_i（$i=1$，2，…，n），记录相应的延伸 ΔL_i，ΔL_{i+1} 与 ΔL_i 的差值即为变形增量 $\delta(\Delta L)_i$，它是 ΔF 引起的变形增量。在逐级加载中，若得到的各级 $\delta(\Delta L)_i$ 基本相等，就表明 ΔL 与 F 呈线性关系，符合胡克定律。完成一次加载过程，将得到 F_i 和 ΔL_i 的一组数据，按线性拟合求得：

$$E=\frac{\left(\sum F_i\right)^2-n\sum F_i^2}{\sum F_i\sum\Delta L_i-n\sum F_i\Delta L_i}\cdot\frac{L_o}{S_o}\tag{3-1-3}$$

式（3-1-3）的推导详见附录Ⅰ，这里不再复述。

除用线性拟合法确定 E 外，还可用下述弹性模量平均法。对应于每一个 $\delta(\Delta L)_i$，由公式（2-3-1）可以求得相应的 E_i 为

$$E_i=\frac{F_i\cdot L_o}{S_o\cdot\delta(\Delta L)_i},\ i=1,\ 2,\ \cdots,\ n\tag{3-1-4}$$

n 个 E_i 算术平均值

$$E=\frac{1}{n}\sum E_i,\ i=1,\ 2,\ \cdots,\ n\tag{3-1-5}$$

即为材料的弹性模量。

用球铰式引伸仪测定 E 时，先加载至 F_o，调整引伸仪为起始零点或记下初读数。加载按连续等增量法进行，应保持加载均匀、缓慢，并随时检查是否符合胡克定律。载荷增加到 F_n 后卸载至 F_o。测定 E 的实验重复 3 次，记下 3 组 F_i 和 ΔL_i 数据，完成后卸载取下引伸仪。从 3 组数据中，选取线性相关较好的一组数据 F_i 和 ΔL_i 拟合为直线。按附录Ⅰ的式（Ⅰ-6）、式（Ⅰ-7）计

算相关系数 γ，并按式（3-1-3）计算 E，或按式（3-1-4）求出 E_i，然后由式（3-1-5）计算 E。

用电子引伸仪测定 E 时，一般微机都会：①显示即时 F 和 ΔL 的对应值；②记录 $F-\Delta L$ 曲线的对应值；③绘制出准确的 $F-\Delta L$ 曲线。加载至 F_n 后，结束试验，计算机试验软件会根据数据板的数据及式（3-1-3）或式（3-1-4）和式（3-1-5）自动求出 E；为使学生巩固理论知识，做到理论与实践相结合，试验时在 $F_o \sim F_n$ 之间，用①、②、③中任意方法取 5 对或 5 对以上的 F 和 ΔL 对应值即 F_i 和 ΔL_i 的一组数据。按附录Ⅰ的式（Ⅰ.6）、式（Ⅰ.7）计算相关系数 γ，并按式（3-1-3）计算 E，或按式（3-1-4）和式（3-1-5）计算 E。

2. 测定下屈服强度 R_{eL}

低碳钢拉伸性能第二阶段：屈服阶段（AS'），如图 3-1-1 所示。

超过弹性变形阶段后，材料进入了屈服前的微塑性变形阶段，当载荷加至 S 点时，突然产生塑性变形，由于试样变形速度非常快，以致试验机夹头的拉伸速度跟不上试样的变形速度，实验载荷不能完全有效地施加于试样上，在曲线这个阶段上表现出载荷不同程度地下降，而试样塑性变形急剧增加，直至达到 S' 点结束，这种现象称为屈服。当载荷达到 S 点时，在试样的外表面能观察到与试样轴线呈 45°明显的滑移带，称为吕德斯带，开始是在局部位置产生，逐渐扩展至试样整个标距内，这是由于试样的 45°斜面上作用有最大切应力，一条吕德斯带包含大量滑移面，当作用在滑移面上的切应力达到临界值时，位错朝滑移方向运动。在此期间，应力相对稳定，试样不产生应变硬化。S 点是拉伸实验的一个重要的性能判断点，SS' 范围内第一次下降点（初始瞬时效应点）之后的最低点也是重要的性能判据点，分别称上屈服点和下屈服点，此两点的应力即为上屈服强度 R_{eH} 和下屈服强度 R_{eL}。S' 点是屈服的结束点，所对应的应变是判定板材成型性能的重要指标。

在正常实验条件下，由于下屈服强度 R_{eL} 的数值较为稳定，再现性较好，所以常将下屈服强度 R_{eL} 选作屈服强度指标。在特别要求的情况下也可能会测定上屈服强度。

实验时，测定 E 后重新加载，当到达屈服阶段时，低碳钢（如 Q_{235} 典型塑性材料）拉伸实验的 $F-\Delta L$ 曲线呈锯齿形。若试验机由示力度盘和指针记录载荷，则在进入屈服阶段后，从动指针停止前进，主动指针开始倒退，这时记下从动指针所指的载荷值，此值为首次下降前的最大载荷，为上屈服载荷 F_{eH}，此时应注意指针的波动情况，记下每次下降的谷载荷值，第一个谷值为初始瞬时效应点，此点以后的最低载荷为下屈服载荷 F_{eL}。

若试验机微机绘制 $F-\Delta L$ 曲线时，在 $F-\Delta L$ 曲线上，屈服阶段的第一个峰值载荷为上屈服载荷 F_{eH}，不管其后的峰值载荷比它大还是小。屈服阶段中如呈现两个或两个以上的谷值，舍去第一个谷值载荷（初始瞬时效应点），取其余谷值中最小者判为下屈服载荷 F_{eL}。如只呈现一个下降谷值载荷，此谷值载荷判为下屈服载荷。下屈服载荷必定低于上屈服载荷。

约定以 $R_{eH}=\dfrac{F_{eH}}{S_o}$计算上屈服强度 R_{eH}；以 $R_{eL}=\dfrac{F_{eL}}{S_o}$计算下屈服强度 R_{eL}。

3. 测定抗拉强度 R_m

低碳钢拉伸性能第三阶段：硬化阶段（$S'B$），如图 3-1-1 所示。

屈服阶段结束后，应力-应变曲线呈现上升趋势，说明材料的抗变形能力又增强了，这种现象称为应变硬化。若在此阶段卸载，则卸载过程的应力-应变曲线为一斜线，其斜率与弹性阶段的直线段斜率大致相等。当载荷卸载到零时，变形并未完全消失，应力减小到零时残余的应变称为塑性应变或残余应变，相应的应力减小到零时消失的应变为弹性应变。卸载完之后，立即再加载，则加载时的应力-应变关系基本上按卸载时的直线变化。因此，如果将卸载后已有塑性变形的试样重新进行拉伸实验，其比例极限或弹性极限将得到提高。在硬化阶段应力-应变曲线存在一最高点 B，该最高点对应的载荷为最大值 F_m，对应的应力是重要的性能判据指标，即抗拉强度 R_m：

$$R_m=\frac{F_m}{S_o}$$

实验时，若试验机由示力度盘和指针记录载荷，示力度盘的从动针停留不动，主动针迅速倒退时，不断施加载荷，试样被拉断。从动指针停留处的载荷为最大载荷 F_m。若试验机微机绘制 $F-\Delta L$ 曲线时，在 $F-\Delta L$ 曲线上，屈服后的最大载荷为 F_m。

低碳钢拉伸性能第四阶段：缩颈阶段（BK），如图 3-1-1 所示。

硬化阶段载荷到达最大值 F_m 时，试样某一局部的截面明显缩小，这一现象称为缩颈。缩颈出现以后，使试样继续变形所需载荷减小，故 $F-\Delta L$ 曲线呈现下降趋势，直至最后 K 点断裂。

4. 计算断后伸长率 A 和断面收缩率 Z

拉断后将两段试样紧密地对接在一起，量出拉断后的标距长 L_u，断后伸长率 A 为

$$A=\frac{L_u-L_o}{L_o}\times 100\% \qquad (3-1-6)$$

式中，L_o 为试样的标距长度。

断口附近塑性变形最大，所以 L_u 的量取与断口的部位有关。如断口发生于平行长度 L_o 两端或在 L_o 之外，则实验无效，应重做。如断口发生在平行长度 L_o 中部$\frac{L_o}{3}$的范围内，直接量取 L_u。若断口距 L_o 的一端的距离小于或等于$\frac{L_o}{3}$，则按下述断口移中法测定 L_u（图 3-1-4）：在拉断后的长段上，由断口处取约等于短段的格数得 B 点，若剩余格数为偶数（图 3-1-4b），取其一半得 C 点，设 AB 长为 a，BC 长为 b，则 $L_u=a+2b$。当长段剩余格数为奇数时（图 3-1-4c），取剩余格数减 1 后的一半得 C 点，加 1 后的一半得 C_1 点，设 AB，BC，BC_1 的长度分别为 a，b_1 和 b_2，则 $L_u=a+b_1+b_2$。

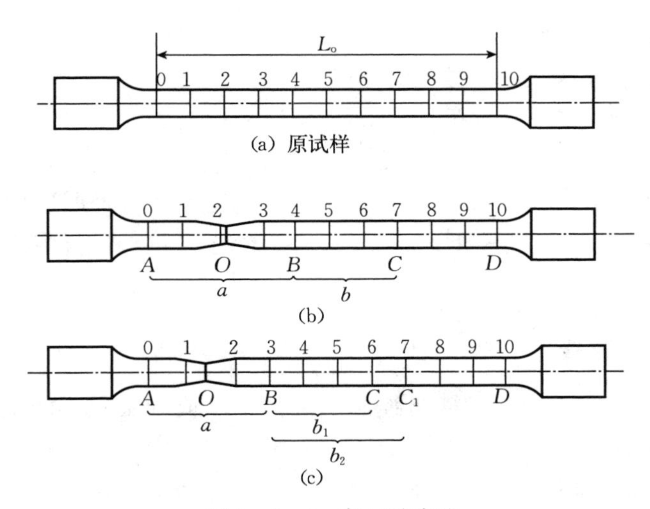

图 3-1-4　断口移中法

试样拉断后，设缩颈处的最小截面面积为 S_u，由于断口不是规则的圆形，应在两个相互垂直的方向上量取最小截面的直径，以其平均值计算 S_u，然后按式（3-1-7）计算断面收缩率：

$$Z=\frac{S_o-S_u}{S_o}\times 100\% \qquad (3-1-7)$$

（二）铸铁

铸铁（HT_{150}）拉伸实验载荷-伸长（$F-\Delta L$）曲线如图 3-1-5 所示

（注：伸长为实验期间任意时刻原始标距的增量）。从图 3-1-5 看不仅没有屈服阶段和颈缩现象，而且在产生少量均匀塑性变形后就突然断裂。其断口平齐粗糙，是典型的脆性材料破坏断口。

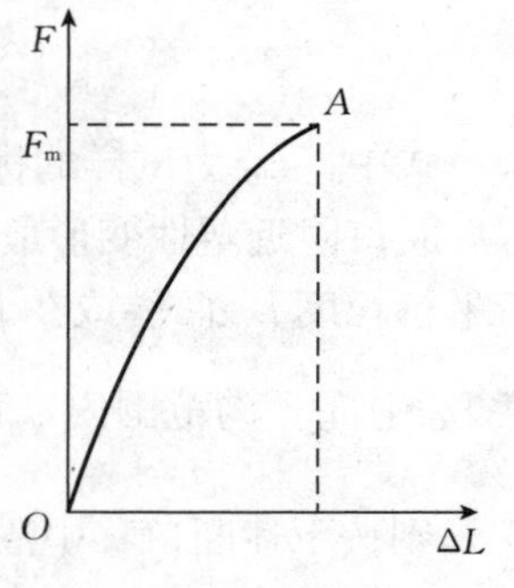

图 3-1-5　铸铁拉伸试验 $F-\Delta L$ 曲线

实验时，若试验机由示力度盘和指针记录载荷，拉断时示力度盘的主动指针则迅速倒退，从动指针停留在 F_m 不动。若试验机微机绘制载荷-变形（$F-\Delta L$）曲线时，则曲线上的最大载荷为 F_m。约定以 $R_m=\frac{F_m}{S_o}$ 计算抗拉强度 R_m。

三、实验设备和仪器

（1）万能试验机。

（2）游标卡尺。

（3）电子引伸仪（或机械式引伸仪）。

（4）试样画线仪（打点机）。

（5）拉伸试样。本实验采用圆形截面长比例试样，$d_o=10$ mm，$L_o=100$ mm，$L_c=106$ mm，$L_t=210$ mm。也可采用圆形截面短比例试样，$d_o=10$ mm，$L_o=50$ mm，$L_c=56$ mm，$L_t=100$ mm。（拉伸试样参见本实验末的［附］）

四、实验步骤

以使用 WAW-300B 型微机控制电液比例（或伺服）万能试验机为例介绍拉伸实验步骤。

（一）实验前准备

（1）用游标卡尺测量试样直径。用打点机十等分标距并测量标距 L_o。

在低碳钢标距两端及中部、铸铁试样平行段的两端及中部 3 个位置上，沿两个相互垂直的方向，测量试样直径，取其平均值，再以三者的平均值作为原始直径 d_o，并据此计算原始横截面面积 S_o。在低碳钢试样标距长度内，用打点机等间距打点，点与点之间的距离为试样的直径 $d_o=10$ mm，即十等分标距并测量标距 L_o。

（2）在使用之前检查设备的安全性和稳定性，以及插头电线的干燥性。启动电机，预热 10 min。根据试样夹持部分形状，选择夹头和钳口，并将其安装在试验机上。

（3）打开电源→计算机→比例控制单元→鼠标点击 MaxTest 图标，进入试验软件用户操作界面。打开电源→开启油泵。

（4）消除自重。使用 MaxTest 软件用户操作界面控制面板上左一按钮，切换至控制油缸界面，鼠标点击“上升”，使活塞升起 10 mm，以消除自重，将测力系统清零。

（二）实验步骤

1. 低碳钢

（1）设置实验的相关参数。

（a）实验类型选择。鼠标点击主菜单的“数据板”右面的下拉菜单，选择“金属材料拉伸实验”最新国家标准。

（b）输入试样信息。鼠标点击主菜单“数据板”，再点击工具栏“新建”图标，输入试样编号、形状、原始直径、标距等信息，鼠标点击“新建”按钮，再点击“确定”按钮。

（2）在曲线板上，选择“应力-变形”曲线。

（3）选择实验控制方式和位移传感器（或称光电编码器）或电子引伸仪。

（a）在弹性变形阶段测弹性模量时，在控制板上选“力”控制，并勾选闭环控制。力的速度选择 0.05 kN/s。用鼠标点击变形显示板“取下引伸仪”按钮，将电子引伸仪（测量精度 0.001）接入系统。加载至 15 kN，实验结束，取下电子引伸仪。

（b）测上、下屈服强度时，在控制板上选“位移”控制，并勾选闭环控制。位移速度选择 1.5 mm/min，相对误差±20%，即（1.5±0.375）mm/min。用鼠标点击变形显示板“取下引伸仪”按钮，将位移传感器（或称光电编码器测量精度 0.01）接入系统。实验进行到材料屈服结束，进入强化阶段后用鼠标逐级调整加载速度至 15 mm/min，相对误差±20%，即（15±3.75）mm/min，再至 40.2 mm/min，相对误差±20%，即（40.2±10.05）mm/min，实现高速分离。

（4）安装试样及电子引伸仪，并设定测量系统的零点。先装夹上夹头，再将垫有标距片的电子引伸仪装夹在试样中部，而后取下标距片。调整横梁到合适的位置。用鼠标点击主菜单上的“清零”按钮，设定测量系统的零点。最后装夹下夹头。夹持试样夹持部位的 2/3，并使试样中线和夹具中线同轴。再用鼠标点击位移显示板“清零”按钮，局部清零。

注意：力显示板不要“清零”。

（5）一切准备就绪，请指导教师确认后，用鼠标点击“开始”按钮。实验进行过程中，请密切关注实验进程，不要进行任何无关的操作，不要触碰电子引伸仪导线。如果出现异常情况，立即用鼠标点击“停止”按钮，停止实验。待查明原因处理好后再继续。

测弹性模量实验需要人工停止实验。测上、下屈服强度时，试样拉断，试验机自动停止工作。实验结束后，系统会自动保存实验数据并分析实验曲线。分析结果立即显示在数据板上。

（6）取下试样，测量拉断后的标距长 L_u 和缩颈处的最小截面直径并计算面积 S_u。将其输入数据板中“断后标距”与“断后面积”后面的对话框中，点击鼠标右键或按键盘回车键，系统会自动计算出断后伸长率 A 与断面收缩率 Z。

（7）打印实验报告。用鼠标点击数据板工具栏上的“打印”图标按钮，出现报表打印窗口，选择金属材料拉伸实验报告模板，按下“打印”按钮，就可以打印出包括弹性模量 E、下屈服强度 R_{eL}、抗拉强度 R_m、断面收缩率 Z、断后伸长率 A，以及 $F-\Delta L$ 曲线或 $R-A$ 曲线的实验报告。

（8）为使学生巩固理论知识，训练动手能力，要求人工处理数据。用曲线板菜单栏的曲线定位“＋”按钮，可以得到所需要的对应 F、ΔL 值。点击曲线定位“＋”按钮，鼠标将变为“＋”形，鼠标移至曲线上时，在曲线板菜单栏就会出现对应的 F、ΔL 坐标值。

2. 铸铁

铸铁的实验步骤与低碳钢基本相同。不使用引伸仪。在控制板上选“位移”控制，并勾选闭环控制。位移速度选择 0.2 mm/min 或 0.5 mm/min 或 1 mm/min 或 2 mm/min。

注意：（a）夹头工作时很迅速，较危险，要相互配合好，可用钳子夹装试样。

（b）有挡板的可以关闭挡板进行实验。

五、实验记录与数据处理

1. 实验记录

表 3-1-1　实验设备仪器

设备名称	型号	设备编号	精度（或分辨率）

表 3-1-2　低碳钢拉伸试样数据

测定屈服极限 R_{eL}，强度极限 R_m，断后伸长率 A 和断面收缩率 Z			$L_o=100$ mm（长试样）		
实验前			实验后		
原始标距 L_o/mm			断后标距 L_u/mm		
三处平均直径 d_o/mm	一端标距点		断裂处最小直径 d_u/mm	1	
	中			2	
	另一端标距点			平均	
原始平均截面积 S_o/mm²			断裂处截面积 S_u/mm²		

表 3-1-3　测定 E（利用球铰式引伸仪）的数据及计算

载荷/kN	第一次		第二次		第三次	
	读数 C/格	ΔC/格	读数 C/格	ΔC/格	读数 C/格	ΔC/格
$F_o=$						
$F_1=$						
$F_2=$						
$F_3=$						
$F_4=$						
$F_5=$						
$\Delta F=$	引伸仪放大倍数 $k=$			$\delta\ (\Delta L)_i=\dfrac{\Delta\overline{C}_i}{k}$		
$\sum F_i^2$	$\left(\sum F_i\right)^2$	$\sum\Delta L_i^2=\sum(\overline{C}_i/k)^2$	$\left(\sum\Delta L_i\right)^2=\left(\sum\overline{C}_i/k\right)^2$	$\sum F_i\Delta L_i=\sum F_i\overline{C}_i/k$	$\sum F_i\sum\Delta L_i=\sum F_i\sum\overline{C}_i/k$	$i=1,\ 2,\ \cdots,\ n,\ n=$
相关系数	$\gamma=\dfrac{n\sum F_i\Delta L_i-\sum F_i\sum\Delta L_i}{\sqrt{\left[n\sum F_i^2-\left(\sum F_i\right)^2\right]\left[n\sum\Delta L_i^2-\left(\sum\Delta L_i\right)^2\right]}}=$					
弹性模量/GPa	线性拟合法			弹性模量平均法		
	$E=\dfrac{\left(\sum F_i\right)^2-n\sum F_i^2}{\sum F_i\sum\Delta L_i-n\sum F_i\Delta L_i}\cdot\dfrac{L_o}{S_o}$			$E_i=\dfrac{\Delta FL_o}{S_o\delta(\Delta L)_i}$　$E=\dfrac{1}{n}\sum E_i=$		

表 3-1-4　测定 E（利用电子引伸仪）的数据记录

实验数据	1	2	3	4	5
F_i/kN					
ΔL_i/mm					
用线性拟合法或弹性模量平均法计算 E					

表 3-1-5　低碳钢强度指标

屈服载荷/kN	屈服强度 R_{eL}/MPa	最大载荷 F_m/kN	抗拉强度 R_m/MPa

表 3-1-6　低碳钢塑性指标

$A=\frac{L_u-L_o}{L_o}\times 100\%$	
$Z=\frac{S_o-S_u}{S_o}\times 100\%$	

表 3-1-7　铸铁拉伸试样原始数据及强度指标

铸铁拉伸试样	上	中	下	拉伸最大载荷 F_m/kN
三处平均直径/mm				
试样平均直径 d_o/mm				抗压强度 R_m/MPa
原始截面积 S_o/mm²				

2. 实验结果数值的修约

GB/T 228.1—2010《金属材料　拉伸试验　第一部分：室温试验方法》规定：试验测定的性能结果数值应按照相关产品标准的要求进行修约。如未规定具体要求，应按如下要求进行修约：强度性能修约至 1 MPa；屈服点延伸率修约至 0.1%，其他延伸率和断后伸长率修约至 0.5%；断面收缩率修约至 1%。

六、分析与讨论

（1）试样的截面形状和尺寸对测定弹性模量有无影响？

（2）测定 E 时为何要加初载荷 F_o 并限制最高载荷 F_n？采用分级加载的目的是什么？

（3）材料相同，直径相等的长试样 $L_o=10d_o$ 和短试样 $L_o=5d_o$，其断后

伸长率 Z 是否相同？

［附］拉伸试样

大量实验表明，试样的形状、尺寸、取样位置和方向、表面粗糙度等因素，对其性能测试结果有一定影响。为使金属材料拉伸实验的结果具有符合性与可比性，各国国家标准对试样的取材、形状、尺寸、加工精度、实验手段和方法，以及数据处理等都做了统一规定。下面介绍 GB/T 228.1—2010《金属材料　拉伸试验　第一部分：室温试验方法》中有关拉伸试样的部分内容。

（一）一般要求

试样的形状与尺寸取决于被试验的金属产品的形状与尺寸。

通常从产品、压制坯或铸件切取样坯经机加工制成试样。但具有恒定横截面的产品（型材、棒材、线材等）和铸造试样（铸铁和铸造非铁合金）可以不经机加工而进行试验。

试样横截面可以为圆形、矩形、多边形、环形，特殊情况下可以为某些其他形状。

原始标距与横截面有 $L_o=k\sqrt{S_o}$ 关系的试样称为比例试样。国际上使用的比例系数 k 的值为 5.65。原始标距应不小于 15 mm。当试样横截面积太小，以致采用比例系数 k 为 5.65 的值不能符合这一最小标距要求时，可以采用较高的值（优先选用 11.3 的值）或者采用非比例试样。

注：选用小于 20 mm 标距的试样，测量不确定度可能增加。

非比例试样其原始标距 L_o 与原始横截面积 S_o 无关。

试样的尺寸公差应符合 GB/T 228.1—2010《金属材料　拉伸试验　第一部分：室温试验方法》附录 B 至附录 E 的相应规定。

圆形横截面机加工试样见附图 1。

（二）厚度等于或大于 3 mm 板材和扁材以及直径与厚度等于或大于 4 mm 线材、棒材和型材使用的试样类型

1. 试样的形状

通常，试样进行机加工。平行长度与夹持头部应以过渡弧连接，试样头部形状应适合于试验机夹头的夹持（附图 1）。夹持端与平行长度之间的过渡弧的最小半径应为：①圆形横截面试样≥0.75 d_o；②其他试样≥12 mm。

如相关产品标准有规定，型材、棒材等可以采用不经机加工的试样进行实验。

试样原始横截面可以为圆形、方形、矩形或特殊情况时为其他形状。矩形

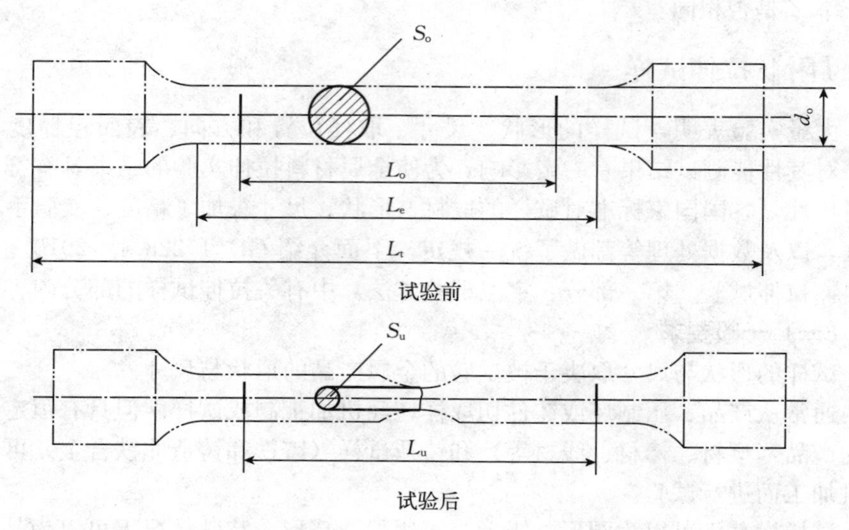

说明：

d_o——圆试样平行长度的原始直径；

L_o——原始标距；

L_c——平行长度；

L_t——试样总长度；

L_u——断后标距；

S_o——平行长度的原始横截面积；

S_u——断后最小横截面积。

注：试样头部形状仅为示意性。

附图 1　圆形横截面机加工试样

横截面试样，推荐其宽厚比不超过 8∶1。

一般机加工的圆形横截面试样其平行长度的直径一般不应小于 3 mm。

2. 试样的尺寸

（1）机加工试样的平行长度：平行长度 L_c 应至少等于：①$L_o+\frac{d_o}{2}$，对于圆形横截面试样；②$L_o+1.5\sqrt{S_o}$，对于其他形状试样。

对于仲裁试样，平行长度应为 L_o+2d_o 或 $L_o+2\sqrt{S_o}$，除非材料尺寸不足够。

（2）不经加工试样的平行长度：试验机两夹头间的自由长度应足够，以使试样原始标距的标记与最接近夹头间的距离不小于 $\sqrt{S_o}$。

（3）原始标距：通常，使用比例试样时原始标距 L_o 与原始横截面积 S_o 有以下关系：

$$L_o = k\sqrt{S_o}$$

其中，比例系数 k 通常取值 5.65，也可以取 11.3。

圆形横截面比例试样应优先采用附表 1 推荐的尺寸。

附表 1　圆形横截面比例试样

d_o/mm	r/mm	$k=5.65$			$k=11.3$		
		L_o/mm	L_c/mm	试样编号	L_o/mm	L_c/mm	试样类型编号
25	$\geqslant 0.75d_o$	$5d_o$	$\geqslant L_o+\frac{d_o}{2}$ 仲裁试验：L_o+2d_o	R1	$10d_o$	$\geqslant L_o+\frac{d_o}{2}$ 仲裁试验：L_o+2d_o	R01
20				R2			R02
15				R3			R03
10				R4			R04
8				R5			R05
6				R6			R06
5				R7			R07
3				R8			R08

注：（1）如相关产品标准无具体规定，优先采用 R2、R4 或 R7 试样。

（2）试样总长度取决于夹持方法，原则上 $L_t > L_c + 4\ d_o$。

3. 试样的制备

（1）附表 2 给出了机加工试样的横向尺寸公差、形状公差。

附表 2　试样横向尺寸公差

名称	名义横向尺寸	尺寸公差[a]	形状公差[b]
机加工的圆形截面直径和四面机加工的矩形横截面试样横向尺寸	$\geqslant 3$ $\leqslant 6$	±0.02	0.03
	>6 $\leqslant 10$	±0.03	0.04
	>10 $\leqslant 18$	±0.05	0.04
	>18 $\leqslant 30$	±0.10	0.05

（续）

名称	名义横向尺寸	尺寸公差[a]	形状公差[b]
相对两面机加工的矩形横截面试样横向尺寸	≥3 ≤6	±0.02	0.03
	>6 ≤10	±0.03	0.04
	>10 ≤18	±0.05	0.06
	>18 ≤30	±0.10	0.12
	>30 ≤50	±0.15	0.15

注：a. 如果试样的公差满足此表，原始横截面积可以用名义值，而不必通过实际测量再计算。如果试样的公差不满足此表，就很有必要对每个试样的尺寸进行实际测量。

b. 沿着试样整个平行长度，规定横向尺寸测量值的最大最小之差。

4. 原始横截面积的测量

对于圆形横截面和四面加工的矩形截面试样，如果试样的尺寸公差和形状公差均满足附表2的要求，可以用名义尺寸计算原始横截面积。对于所有其他类型的试样，应根据测量的原始试样尺寸计算原始横截面积 S_o，测量每个尺寸应准确到±0.5%。

实验二　低碳钢、铸铁材料压缩实验

一、实验目的

1. 了解万能材料试验机的结构和工作原理，熟悉其操作规程及正确使用方法。

2. 测定低碳钢压缩时的屈服强度 R_{eLc}。

3. 测定铸铁压缩时的抗压强度 R_m。

4. 观察低碳钢与铸铁压缩时的变形规律和破坏现象，并进行比较。

二、实验原理及方法

目前常用的压缩实验方法是两端平压法，试样受压时，两端面与试验机垫板间的摩擦力约束试样的横向变形，影响试样的强度，导致测得的抗压强度较实际偏高。随着试样长度与直径比值（L/d）的增加，上述摩擦力对试样中部的影响减弱，因此抗压强度与 L/d 比值有关，可见压缩实验与实验条件有关。为了使实验结果具有符合性与可比性，应对 L/d 做出规定。实践表明此比值不能过小，小于 1，摩擦力过大；不能过大，否则将引起失稳。GB/T 7314—2017《金属材料　室温压缩试验方法》中规定压缩试样形状与尺寸的设计应保证：在实验过程中标距内为均匀单向压缩，引伸仪所测变形应与试样轴线上标距段的变形相等；端部不应在试验之前损坏。凡能满足以上要求的试样都可采用。推荐使用圆柱形、正方形柱体试样和矩形、带凸耳板状试样。柱体试样侧向无须约束，板状试样需夹持在约束装置内进行。图 3-2-1 为推荐使用圆柱体短试样。

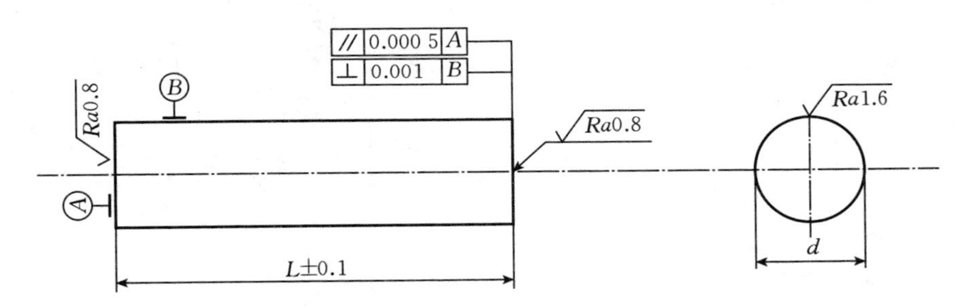

说明：

L——试样长度，$L=(2.5\sim3.5)\ d$，或 $(5\sim8)\ d$，或 $(1\sim2)\ d$，单位为 mm；

d——试样原始直径，$d=(10\sim20)\pm0.05$，单位为 mm。

图 3-2-1　圆柱体短试样

本实验采用直径为 10 mm 的圆柱体短试样，$L=1.5d=15$ mm。

为保证试样中心正确受压，试样两端必须平行并光滑，并且与试样轴线垂直。实验时，必须要加球形承垫板，起调节两端面平行的作用。球形承垫板可位于试样上端或下端。同时，试样端面和垫板之间应涂上润滑剂以减小摩擦。

低碳钢压缩实验载荷-变形（F - ΔL）曲线如图 3-2-2 所示。由图 3-2-2 可知，低碳钢压缩同样存在比例极限、屈服极限，而且与拉伸所得的数值差不多，但屈服现象不像拉伸那样明显。从屈服开始试样塑性变形就有较大的增长，试样截面面积随之增大。由于截面面积的增大，要维持屈服时的应力，载荷也需要相应增大。因此，在整个屈服阶段，载荷也是上升的，在测力度盘上判读压缩时的屈服载荷 F_{eLc} 要特别细心地观察。在缓慢均匀载荷下，当材料发生屈服时，载荷值上升将出现减慢，这时所对应的载荷即为屈服载荷 F_{eLc}。在自动绘制的载荷-变形曲线上，屈服平台对应的载荷为 F_{eLc}。屈服强度

$$R_{eLc}=\frac{F_{eLc}}{S_o}$$

低碳钢压缩屈服后，试样由原来的圆柱形逐渐被压成鼓形，随着压力的增大，其承载面积不断增大，试样将越压越扁，但总不会破坏，曲线呈上凹趋势，找不到低碳钢的抗压强度。试样会压成扁鼓形状。

铸铁在拉伸时属于塑性很差的脆性材料。但在受压时，试样在载荷达到最大载荷之前会产生较大的塑性变形，最后被压成鼓形而断裂。铸铁压缩实验载荷-变形（$F-\Delta L$）曲线如图 3－2－3 所示。灰铸铁试样的断裂有两个特点：一是断裂面为斜断口，斜断面与试样横截面的夹角，略大于 45°；二是最大强度远比拉伸时高，大致是拉伸时的 3～4 倍。所以工程上常用铸铁材料作为受压构件。

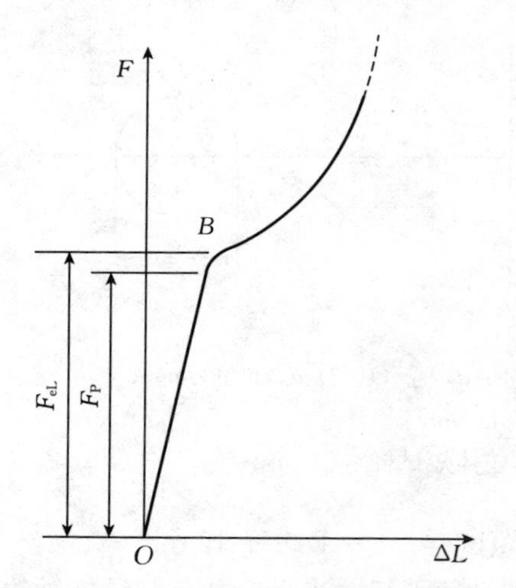

图 3－2－2　低碳钢压缩实验 $F-\Delta L$ 曲线

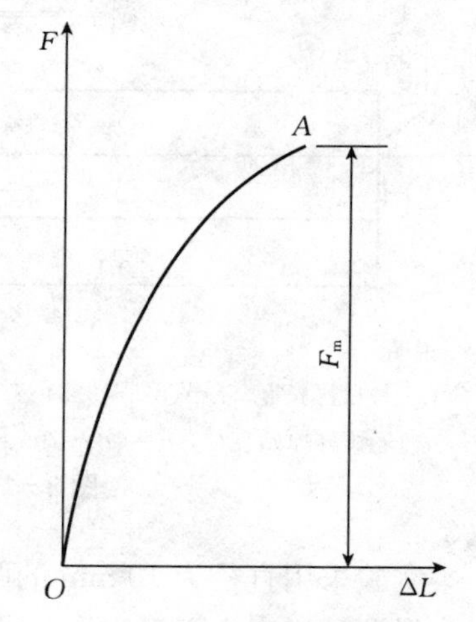

图 3－2－3　铸铁压缩实验 $F-\Delta L$ 曲线

实验时，当试样被压断裂时，测力度盘从动指针停留处为最大载荷值 F_m。在自动绘制的载荷-变形曲线上，最大载荷为 F_m。抗压强度为

$$R_m=\frac{F_m}{S_o}$$

三、实验设备和仪器

（1）万能试验机。

（2）游标卡尺。

（3）压缩试样。

四、实验步骤

以使用 WAW－300 型微机控制电液比例（或伺服）万能试验机为例介绍压缩实验步骤。

（一）实验前准备

（1）用游标卡尺测量试样直径。在低碳钢、铸铁试样的中部，沿两个相互垂直的方向，测量试样直径，取其算术平均值，作为原始直径 d，并据此计算原始横截面面积 S_0。

（2）打开计算机，打开试验机控制单元电源开关，用鼠标点击 MaxTest（或 Smartest）图标，进入试验软件用户操作界面。打开电源→开启油泵。

（3）选择球形平压头，并将其安装在试验机上。

（4）消除自重。先开启油泵，用控制面板上左一按钮，切换至控制油缸界面，鼠标点击“上升”，使活塞升起 10 mm，以消除自重，将测力系统清零。

（二）实验步骤

（1）选择实验类型。鼠标点击主菜单“数据板”右面的下拉菜单，选择“金属材料压缩实验”。

（2）输入试样信息。鼠标点击主菜单“数据板”，再点击工具栏“新建”图标，输入试样编号、形状、原始直径等，鼠标点击“新建”按钮，再点击“确定”按钮。

（3）安装试样并设定载荷测量系统的零点。将两端面涂有润滑油的压缩试样放置在下承压板上。并使试样中线与上下两承压板的中线同轴。调整移动横梁到合适的位置。

（4）选择实验控制方式。在控制板上选“力”控制，低碳钢和铸铁都以 0.1 kN/min 的速率加载。

（5）选择位移传感器。力和变形显示板的变形显示区，“取下引伸仪”按钮默认为位移传感器（光电编码器，测量精度 0.01）。鼠标点击主菜单上的“清零”按钮，将测力系统清零。

（6）在曲线板上，选择“力-变形”曲线。

（7）一切准备就绪，请指导教师确认后，用鼠标点击“开始”按钮。实验进行过程中，请密切关注试验进程，不要进行任何无关的操作。如果出现异常情况，立即用鼠标点击“停止”按钮，停止试验。待查明原因处理后再继续实验。

(8) 切换加载速率。对于低碳钢，当材料屈服以后，可以将速率逐渐调大，可调至 2 kN/min。加载至 80 kN，人工停止实验。对于铸铁不切换加载速率，直至压断，试验机自动停止。

(9) 实验结束，系统会自动保存实验数据并分析实验曲线。分析结果立即显示在数据板上。

(10) 打印实验报告。用鼠标点击数据板工具栏上的“打印”图标按钮，出现报表打印窗口，选择金属材料压缩实验报告模板，按下“打印”按钮，就可打印出实验报告。

(11) 为使学生巩固理论知识，训练动手能力，要求人工处理数据。实验结束后，力显示板峰值即为 F_m。

五、实验记录与数据处理

1. 实验记录

表 3-2-1 低碳钢和铸铁压缩试样原始直径及测试指标

低碳钢 d/mm			铸铁 d/mm		
1	2	平均	1	2	平均
屈服力 F_{eLc}			最大力 F_m		
屈服强度 R_{eLc}			抗压强度 R_m		

2. 实验结果数值的修约

GB/T 7314—2017《金属材料 室温压缩试验方法》规定：试验结果值应按照相关产品标准的要求进行修约。如未规定具体要求，应按如下要求进行修约：①弹性模量测定结果保留 3 位有效数字。②强度性能修约至 1 MPa。

六、分析与讨论

试样的截面形状和尺寸对抗压强度有无影响？

实验三 低碳钢、铸铁材料扭转实验

一、实验目的

1. 测定低碳钢的剪切模量 G（用应变电测法测定 G 的方法见本章实验五，

两种方法可任选其一)。

2. 测定低碳钢的上屈服强度 τ_{eH},下屈服强度 τ_{eL},抗扭强度 τ_{m}。

3. 铸铁的抗扭强度 τ_{m}。

4. 比较低碳钢和铸铁试样受扭时的变形规律及其破坏特征。

二、实验原理及方法

实验前,测量试样平行段平均直径,在平行段画一条纵向线,两条距离相近的圆周线。将试样安装在试验机上,开动试验机缓慢对试样施加扭矩,测量扭矩及其相应的扭角,扭转变形直至断裂。试验机会绘制出扭矩-扭角($T-\phi$)曲线。扭矩-扭角曲线呈现出钢材试样各阶段受力与变形之间的关系,以及受扭变形特征。

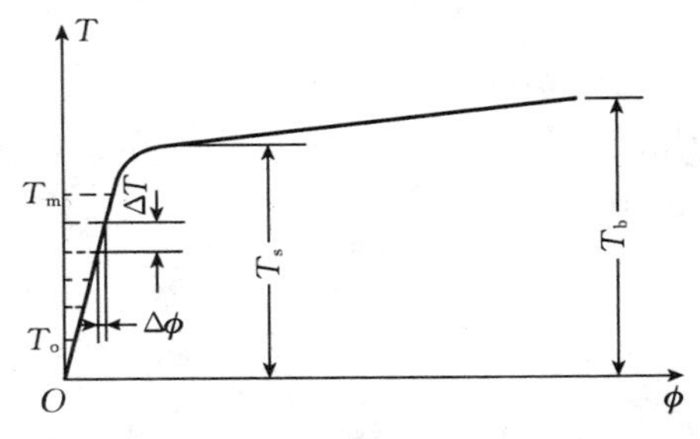

图 3-3-1 低碳钢扭转实验 $T-\phi$ 曲线

(一) 低碳钢

低碳钢扭转有三个阶段,即弹性变形阶段、屈服阶段和强化阶段(图 3-3-1)。

1. 测定剪切模量 G

第一阶段:弹性变形阶段。

在扭转的初始阶段比例极限内,扭矩 T 与扭角 ϕ 呈线性关系。横截面上切应力沿半径线性分布(图 3-3-2a)。曲线为一直线,说明应力与应变成正比,即满足胡克定律,此阶段称为线性阶段。线性阶段的最高点称为理论剪切比例极限,线性阶段的直线斜率即为剪切模量 G。由材料力学知,在剪切比例极限内,圆轴扭转的变形公式为 $\Delta\phi=\dfrac{\Delta TL}{GI_{\rho}}$,即

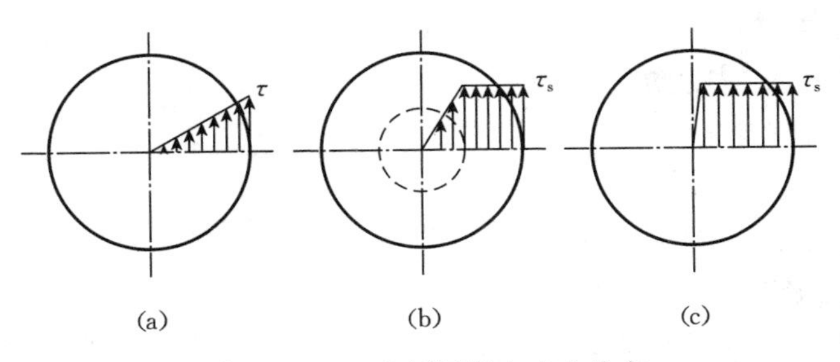

图 3-3-2 比例极限内应力分布

$$G=\frac{\Delta TL}{\Delta\phi I_\rho} \tag{3-3-1}$$

式中，T 为扭矩；ϕ 为扭角，可由试验机直接测得；L 为计算长度（不同情况取值不同）；I_ρ 为极惯性矩，圆截面 $I_\rho=\frac{\pi d^4}{32}$。

（1）采用逐级加载法测剪切模量 G：以低碳钢试样进行实验时，对试样施加预扭矩，预扭矩一般不超过相应预期规定非比例扭矩强度的 10%，装上扭转计并调整至零点。在弹性直线段范围内，用不少于 5 级等扭矩对试样加载，记录每级扭矩和相应的扭角，读取每对数据的时间以不超过 10 s 为宜。计算出平均每级扭角增量，按式（3－3－1）计算剪切模量 G。式中，L 计算长度为扭转计的标距 L_o。允许用最小二乘法将数据对拟合为直线（参看附录Ⅰ），求出拟合直线的斜率 m 为

$$m=\frac{\sum T_i\sum\phi_i-n\sum T_i\phi_i}{\left(\sum T_i\right)^2-n\sum T_i^2},\ i=1,\ 2,\ \cdots,\ n$$

令式（3－3－1）表示的直线的斜率 $\frac{L_o}{GI_\rho}$ 与 m 相等，从而求出

$$G=\frac{\left(\sum T_i\right)^2-n\sum T_i^2}{\sum T_i\sum\phi_i-n\sum T_i\phi_i}\cdot\frac{L_o}{I_\rho},\ i=1,\ 2,\ \cdots,\ n \tag{3-3-2}$$

（2）采用图解法测剪切模量 G：用自动记录仪记录 T－ϕ 曲线时，在所记录曲线的弹性直线段上读取扭矩增量和相应的扭角增量（图 3－3－3），按式（3－3－1）计算剪切模量 G。式中，L 计算长度为试样的平行长度 L_e。

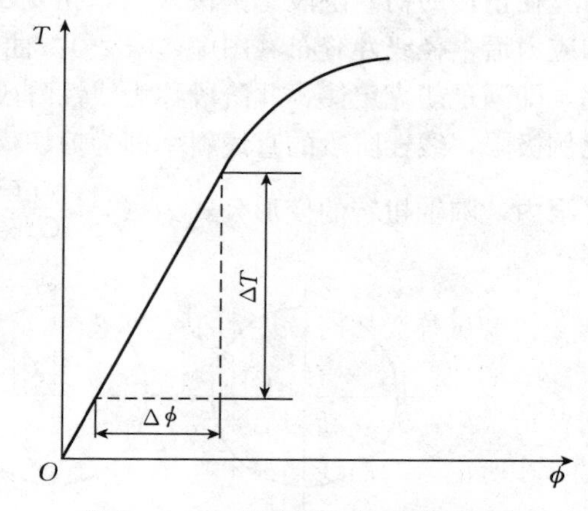

图 3－3－3 低碳钢扭转实验图解法测定剪切模量 G

2. 测定低碳钢剪切上屈服强度 τ_{eH}、下屈服强度 τ_{eL}

第二阶段：屈服阶段。

在比例极限内，横截面上切应力沿半径线性分布（图 3－3－2a），随着 T 的增大，横截面边缘处的

切应力首先到达剪切屈服极限 τ_s，而且塑性区逐渐向圆心扩展，形成环形塑性区（图 3-3-2b）。但中心部分仍然是弹性的，所以 T 仍可增加，T 和 ϕ 的关系成为曲线。直到整个截面几乎都是塑性区（图 3-3-2c），在 $T-\phi$ 上呈现屈服平台或呈现锯齿形。

如用示力度盘与指针记录扭矩 T 时，如呈现平台，则指针基本不动或轻微摆动，平台的扭矩为下屈服扭矩 T_{eL}；如呈现锯齿形，则指针来回摆动，注意捕捉扭矩最大值和初始瞬时效应（第一个谷值点）除外的最小值，最大扭矩值为上屈服扭矩 T_{eH}，最小值为下屈服扭矩 T_{eL}。

如用自动记录仪记录 $T-\phi$ 曲线时，在所记录的曲线上如呈现平台，则平台处为下屈服扭矩 T_{eL}；如呈现锯齿形时，扭矩下降前的最大扭矩为上屈服扭矩 T_{eH}，屈服阶段内不计初始瞬时效应（第一个谷值点）最小扭矩为下屈服扭矩 T_{eL}。上、下屈服强度分别用式（3-3-3）、式（3-3-4）计算：

$$\tau_{eH}=\frac{T_{eH}}{W} \qquad (3-3-3)$$

$$\tau_{eL}=\frac{T_{eL}}{W} \qquad (3-3-4)$$

式中，W 为抗扭截面系数，$W=\frac{\pi d^3}{16}$。

3. 测定抗扭强度 τ_m

第三阶段：强化阶段。

屈服阶段过后，材料的强化使扭矩又缓慢地上升。但变形非常显著，试样表面上画的一条纵向线变成螺旋线。直至扭矩到达极限值 T_m，试样被扭断。自动记录的 $T-\phi$ 曲线上扭矩最大值为 T_m。度盘指针试验机的从动指针停留处为 T_m。抗扭强度 τ_m 按式（3-3-5）算：

$$\tau_m=\frac{T_m}{W} \qquad (3-3-5)$$

（二）铸铁

铸铁试样受扭时，变形很小即突然断裂。其扭矩-扭角（$T-\phi$）曲线接近直线。如把它作为直线，τ_m 可按式（3-3-5）计算。实验时，由示力度盘和指针记录扭矩时，断裂后从动针停留处为 T_m；用自动记录仪记录 $T-\phi$ 曲线时，在所记录的曲线上最大扭矩为 T_m。

三、实验设备和仪器

（1）扭转试验机。（如不进行破坏实验，测定 G 的实验也可在小型扭转装

置上完成）

（2）扭角仪。

（3）游标卡尺。

（4）扭转试样。

GB/T 10128—2007《金属材料　室温扭转试验方法》对扭转试样有如下规定：一般用圆柱形试样和管形试样；圆柱形试样的形状和尺寸如图 3-3-4 所示；试样夹持部分的形状和尺寸应适应试验机夹头夹持情况；推荐采用直径 $d=10$ mm、标距 $L_o=50$ mm、平行长度 $L_c=70$ mm（或 $L_o=100$ mm、平行长度 $L_c=120$ mm）的试样；如采用其他直径的试样，其平行长度应为标距加两倍直径。本实验采用直径 $d=10$ mm、标距 $L_o=100$ mm，平行长度 $L_c=120$ mm 的试样。

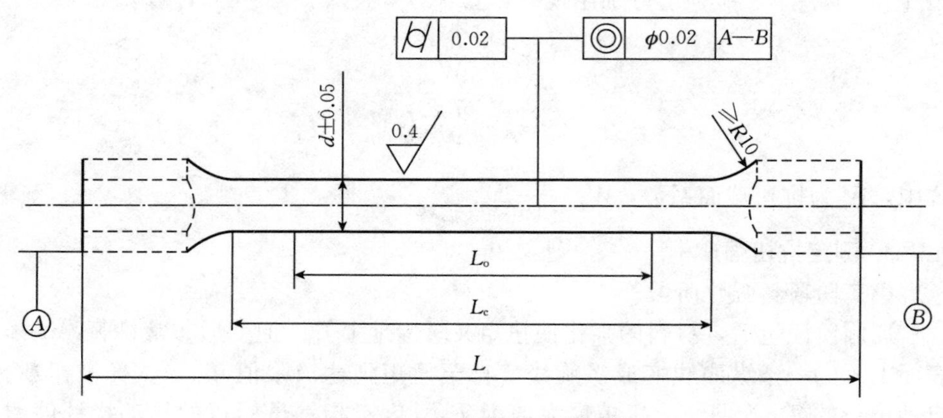

图 3-3-4　扭转圆柱形试样

四、实验步骤

以微机控制电子扭转试验机为例，介绍扭转实验步骤。

（一）实验前准备

（1）用游标卡尺测量试样直径，并在低碳钢试样上做标记。在试样标距 L_o 的两端及中部三个位置上，沿两个相互垂直的方向，测量试样直径，分别计算平均直径，再以三者的平均值计算试样的极惯性矩 W，以三者中最小值计算试样的截面系数 I_ρ。

在低碳钢试样表面画一条纵向线和距离相近的两条圆周线，以便观察扭转变形情况。

（2）试验机准备。根据试样的夹持部分形状，选择并安装合适的钳口或衬套。

（3）开机。接通电源，先打开试验机电源开关、控制器开关，再打开计算机所有外设，最后打开计算机主机。

（4）用鼠标双击桌面上 RGDtest 图标，进入试验软件主界面。

（二）实验步骤

（1）联机：单击主屏幕菜单［通信］→［联机］，此时，试验机控制面板应显示 PC 字样，否则联机失败，需重新联机。

（2）设置与试验机仪表连接的计算机串口：单击主屏幕菜单［通信］→［串口设置］选 com1。

（3）软件设置：单击主屏幕菜单［试验设置］→［硬件设置］，出现“测试范围”对话框，在载荷传感器下选一号传感器，在变形传感器下选默认的传感器。单击“下一步”，出现“软件设置”对话框，框中“试验开始设置”全选，“试验结束是否反车”依情况而定。“试验结束条件”对话框中设定“扭矩≥10 时开始监测试样断裂”、“扭矩≤最大扭矩的 50%时判为试样断裂”、“当扭矩≥499 Nm 时，实验结束”、“当扭角≥99 999°时，实验结束”，“速度切换”对话框中设定“当角度达到 45°时，速度切换为 720°”（对低碳钢设置 45°，过了屈服加快速度；对铸铁设置 100°，不到变速试样被扭断）、“当扭矩达到 499 Nm 时，速度切换为 720°”。设置原则是根据所用试样材料的机械性能，依经验数据，确保实验能够达到实验目的且顺利而快速完成。单击“下一步”进入“环境参数”设置对话框，其中“试样个数”是定义一组实验的试样个数，其余参数不参与实验，只作为打印实验报告的表头使用。单击“下一步”进入“运行参数”对话框，设定实验速度 10°/min（实验开始时的速度，低碳钢设置 10°/min，铸铁设置 3～5°/min，以防蹦出铁渣伤人）。“标距 100 mm”、“直径 10 mm”、“预加扭矩 0.5～1 Nm”。鼠标单击“确定”按钮，软件设置结束。经实验教师检查无误后，方可进行下一步。

（4）装夹试样：先把试样夹紧于固定扭转头一端，夹持试样头部的 2/3。再移动活动扭转头到适当位置，用鼠标点击主菜单“清零”按钮，设定力测量系统的零点，再夹紧活动扭转头一端，确保试样和两扭转头中心线同轴。

（5）试样装夹完毕，按下试验机控制面板上的“机械调零”按钮，转动手动调整轮调扭矩值接近 0，不可使用软件里的“清零”键。角度显示屏的数值可用软件里的“清零”键清零。切记调零后弹起“机械调零”按钮。

（6）按“RUN”按钮或单击［控制盒］→［运行］，开始实验。

（7）根据需要可在运行中重新改变运行速度。试样扭断后，试验机自动停机。

(8) 保存实验数据，点击［文件］→［保存数据］，输入文件名→确定。卸下试样。

(9) 打印结果：鼠标点击主菜单［运行结果］→［数据选择］，弹出“扭转实验”对话框，选择报告中需要的数据项目及结果显示方式→［确定］。再点击主菜单［运行结果］→［结果显示］→［打印报告］。

(10) 为使学生巩固理论知识，训练动手能力，要求人工处理数据。单击主屏幕“打开”图标，输入文件名，调出实验曲线。单击“读点”图标，鼠标变为“十”字交叉形状且交点不离开曲线，移动鼠标在曲线上找到需求的特征值。

(11) 实验完毕后，应将试验机擦拭干净，并恢复原来正常状态。

五、实验记录与数据处理

1. 实验记录

表 3-3-1　低碳钢和铸铁扭转试样截面几何性质

扭转试样	低碳钢			铸铁		
	上	中	下	上	中	下
三处平均直径/mm						
试样平均直径 d_o/mm						
原始横截面面积 S/mm^2						
极惯性矩 $I_\rho=\frac{\pi d^4}{32}$						
抗扭截面系数 $W=\frac{\pi d^3}{16}$						

表 3-3-2　利用扭角仪测剪切模量 *G* 实验数据及结果记录表

扭矩/Nm	第一次		第二次		第三次	
	读数 C/格	ΔC/格	读数 C/格	ΔC/格	读数 C/格	ΔC/格
T_o=						
T_1=						
T_2=						
T_3=						
T_4=						
T_5=						
ΔT=	扭角仪放大倍数 k=			$\delta\ (\Delta\phi)_i=\frac{\Delta\overline{C}_i}{k}$		

2. 实验结果数值的修约

GB/T 10128—2007《金属材料　室温扭转试验方法》规定：测得性能数值按表 3-3-3 规定修约。

表 3-3-3　性能结果数值的修约间隔

扭转性能	范围	修约到
G	—	100 MPa
τ_p，τ_{eH}，τ_{eL}，τ_m	≤200 MPa	1 MPa
	>200～1 000 MPa	5 MPa
	>1 000 MPa	10 MPa
γ_{max}	—	0.5%

六、分析与讨论

1. 如用木材或竹材制成纤维平行于轴线的圆截面试样，受扭时它们将按怎样的方式破坏？

2. 比较低碳钢的拉伸实验和扭转实验，从进入塑性变形阶段到破坏的全过程，两者有什么明显的差别？

实验四　弹性模量 E 和泊松比 μ 的测定

一、实验目的

1. 用应变电测法测量材料的弹性模量 E 和泊松比 μ。
2. 学习用电测法测量构件的应变。

二、实验原理及方法

用球铰式引伸仪与电子引伸仪测量弹性模量 E 的原理和方法已于第三章实验一中详细介绍，同一问题也可以用电测法来完成。弹性模量 E 是材料在比例变形阶段，其应力和应变的比值。拉伸状态下，应力应变方向与试样轴向方向相同。泊松比 μ 是材料在比例变形阶段内由均匀分布的纵向应变所引起的横向应变与相应的纵向应变之比的绝对值。实验在 BFCL-3 材料力学多功能实验台矩形板状试样拉伸装置上进行。在矩形板状试样两宽面的中心线上粘贴两枚纵向应变片 R_1、R_1'和两枚横向应变片 R_2、R_2'（图 3-4-1）。在试样两端施加拉力，用与之配套的力与应变综合参数测试仪测量应变片的相应应变。

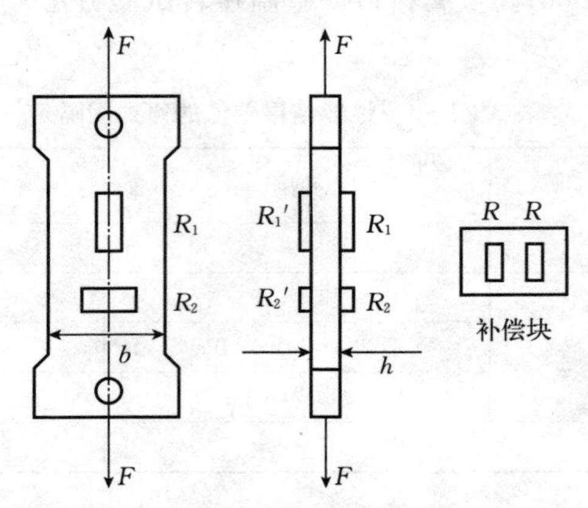

图 3-4-1　矩形板状试样应变片粘贴位置

1. 测定弹性模量 E

在拉伸引起的应力状态中，如果将 R_1 或 R_2 分别接在测量电桥的一个桥臂上，应变仪的读数 ε_R 就是在给定载荷 F_i 作用下纵向应变 ε_i 或横向应变 ε_i'。

加载时，由于实验装置和安装初始状态的不稳定性，拉伸曲线的初始阶段往往是非线性的。为了尽可能减小测量误差，实验宜从初载荷 $F_\circ$（$F_\circ \neq 0$）开始，采用等增量加载法。在实验前先估算出比例极限内的最高载荷 F_{max} 和初载荷 $F_\circ$，从 $F_\circ$ 和 F_n 将载荷分成 n 个等级：

$$\Delta F = \frac{F_n - F_\circ}{n}$$

加载时逐级等量加载。在加载过程中，对应着每一个载荷 F_i，测出相应的 ε_i。将一组数据 P_i -ε_i 拟合成直线（参看附录Ⅰ），直线的斜率为

$$m = \frac{\sum F_i \sum \varepsilon_i - n \sum F_i \varepsilon_i}{\left(\sum F_i\right)^2 - n \sum F_i^2},\ i = 1,\ 2,\ \cdots,\ n \quad (3-4-1)$$

把胡克定律写成

$\varepsilon = \dfrac{\sigma}{E} = \dfrac{F}{ES_\circ}$，这就是斜率为 $\dfrac{1}{ES_\circ}$ 的直线。令 $\dfrac{1}{ES_\circ} = m$，便可求得：

$$E = \frac{\left(\sum F_i\right)^2 - n \sum F_i^2}{\sum F_i \sum \varepsilon_i - n \sum F_i \varepsilon_i} \cdot \frac{1}{S_\circ},\ i = 1,\ 2,\ \cdots,\ n \quad (3-4-2)$$

2. 测定泊松比 μ

利用电阻应变仪可同时进行多点测量，在给定载荷 P_i 作用下，可同时测出纵向应变 ε_i 和横向应变 ε_i'。测出一组 ε_i 和 ε_i' 的值后，由

$$\mu=\left|\frac{\varepsilon'}{\varepsilon}\right| \qquad (3-4-3)$$

即可确定泊松比 μ。

此外，在上述测定过程中，同时也获得了数组 P_i、ε_i'，也可以拟合为直线，其斜率为

$$m'=\frac{\sum F_i\sum \varepsilon_i-n\sum F_i\varepsilon'_i}{\left(\sum F_i\right)^2-n\sum F_i^2} \qquad (3-4-4)$$

由于 $\varepsilon_i'=-\mu\varepsilon_i$，代入式（3－4－4）后得：

$$m'=-\mu\frac{\sum F_i\sum \varepsilon_i-n\sum F_i\varepsilon_i}{\left(\sum F_i\right)^2-n\sum F_i^2}=-\mu m$$

于是

$$\mu=\left|\frac{m'}{m}\right| \qquad (3-4-5)$$

也可由式（3－4－5）确定泊松比。

三、实验设备及仪器

（1）BFCL－3 材料力学多功能实验台及与之配套的力与应变综合参数测试仪，或 DDT－4 型电子式动静态力学组合实验台及与之配套的动静态多通道测试系统。

（2）游标卡尺与钢板尺。

四、实验步骤

（1）测量：BFCL－3 材料力学多功能实验台 45 号钢矩形板状试样的横截面尺寸；在试样标距范围内，测量 3 个横截面尺寸，取 3 处横截面面积的平均值作为试样的横截面面积 S_o。

（2）拟定加载方案：先选取适当的初载荷 F_o（一般取 $F_o=F_{max}\times 10\%$ 左右），估算 F_{max}（一般取材料屈服强度的 70%～80%，该实验载荷范围 $F_{max}\leqslant$ 2 000 N），分 4～6 级加载。实验中采用螺旋逐级等量加载，记录 $F_o=200$ N，$F_1=500$ N，…，$\Delta F=300$ N，$F_{max}=2\,000$ N 时的纵向应变与横向应变。

（3）根据加载方案，调整好实验加载装置。

（4）接线：为消除试样初弯曲和加载可能存在的偏心影响，提高测量灵敏度，采用全桥对臂工作测量电桥。在两相对桥臂接纵向应变片 R_1、R_2，其余两相对桥臂接温度补偿片，组成纵向应变全桥测量电桥；在两相对桥臂接横向应变片 R_1'、R_2'其余两相对桥臂接温度补偿片，组成横向应变全桥测量电桥。根据电桥原理，测量读数是两纵向与两横向应变片应变之和，读数除以 2 才是纵向应变 ε_i 与横向应变 ε_i'，测量精度提高了 2 倍。通常将从仪器上读出的应变值与待测应变值之比称为桥臂系数。调整好仪器，检查整个系统是否处于正常工作状态。

（5）实验加载：旋转手轮向拉的方向加载。要均匀缓慢加载至初载荷 F_o。记下各点应变片的初读数应变值与载荷值后，然后逐级加载，每增加一级载荷，依次记录各点载荷值 F_i 与电阻应变仪的读数 ε_i，直到最终载荷。实验至少重复 3 次。

（6）做完实验后，卸掉载荷，关闭电源，整理好所用仪器设备，清理实验现场，将所用仪器设备复原，实验资料交指导教师检查签字。

（7）数据处理，用一组线性相关较好的数据，代入式（3－4－1）、式（3－4－2）和式（3－4－3）或式（3－4－5）计算出结果。

五、实验记录与数据处理

表 3－4－1　试样界面尺寸与性能参数（以测量值为准）

试样	厚度 h_o/mm	宽度 b_o/mm	横截面面积 $S_o=bh$（mm^2）	平均横截面面积/mm^2
截面 1	5	30	150	
截面 2				
截面 3				
弹性模量 $E=206$ GPa			泊松比 $\mu=0.28$	

表 3－4－2　实验数据记录

载荷/N ＼ 应变	纵向应变 ε_i（$\mu\varepsilon$）			横向应变 ε_i'（$\mu\varepsilon$）		
	第一次读数	第二次读数	第三次读数	第一次读数	第二次读数	第三次读数
$F_o=200$						
$F_1=500$						
$F_2=800$						
$F_3=1\,100$						
$F_4=1\,400$						
$F_5=1\,700$						

六、分析与讨论

1. 试样尺寸、形状对测定弹性模量 E 和泊松比 μ 有无影响？为什么？

2. 试样上应变片粘贴时与试样轴线出现平移或角度差，对实验结果有无影响？

3. 本实验为什么采用全桥接线法？

4. 比较分析本实验的数据处理方法。

实验五　薄壁圆筒纯扭转时剪切模量 G 的测定

一、实验目的

1. 用应变电测法测定薄壁圆筒纯扭转时的剪切模量 G。

2. 进一步学习用电测法测量构件的应变。

二、实验原理及方法

用扭角仪测定 G 的原理和方法已于本章实验三中详细介绍，同一问题也可以用电测法来完成。在材料的剪切比例极限内，由纯扭转引起的切应力 τ 和切应变 γ 应服从胡克定律，即

$$\gamma=\frac{\tau}{G} \tag{a}$$

由于 $\tau=\frac{T}{W_t}$，这里 T 为扭矩，$W_t=\frac{\pi}{16D}$（D^4-d^4）是圆环形截面的抗扭截面系数，于是式（a）可写为

$$\gamma=\frac{T}{GW_t} \tag{3-5-1}$$

如能用应变仪测出 γ，利用式（3－5－1）便可确定 G。

在扭转引起的纯剪应力状态中（图 3－5－1b），主应力 σ_1 和 σ_3 的方向与 x 轴的夹角分别为$-45°$和 $45°$，且 $\sigma_1=-\sigma_3=\tau$，所以，沿 σ_1 和 σ_3 方向的主应变 ε_1 和 ε_3 数值相等，符号相反。平面应变分析指出，主应变由下式计算：

$$\left.\begin{matrix}\varepsilon_1\\ \varepsilon_3\end{matrix}\right\}=\frac{\varepsilon_x+\varepsilon_y}{2}\pm\sqrt{\left(\frac{\varepsilon_x-\varepsilon_y}{2}\right)^2+\left(\frac{\gamma_{xy}}{2}\right)^2}$$

对纯剪切，$\varepsilon_x=\varepsilon_y=0$，$\gamma_{xy}=\gamma$，于是由上式得：

$$\gamma=2\varepsilon_1 \tag{b}$$

因应变片 R_1 和 R_2 沿着与轴线（x 轴）呈$-45°$和 $45°$的方向粘贴，它们的

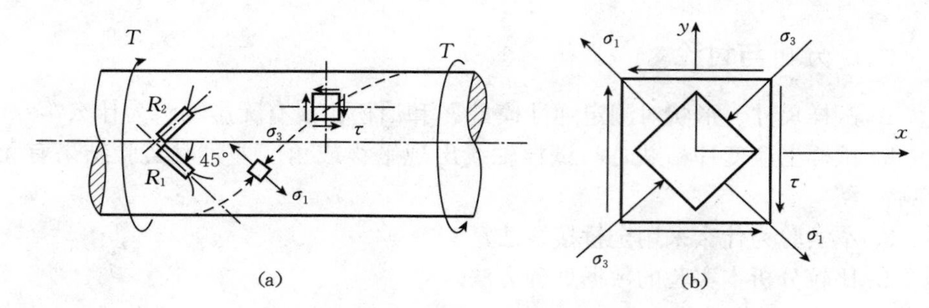

图 3-5-1　纯剪切应力状态

方向也是主应变 ε_1 和 ε_3 的方向。如把应变片 R_1 和 R_2 接在测量电桥相邻的桥臂，则 R_1 的应变为 $\varepsilon_{-45°}=\varepsilon_1$，$R_2$ 的应变为 $\varepsilon_{45°}=\varepsilon_3=-\varepsilon_1$，于是应变仪的读数为

$$\varepsilon_r=\varepsilon_{-45°}-\varepsilon_{45°}=2\varepsilon_1 \quad \text{(c)}$$

比较式（b）和式（c），得：

$$\varepsilon_r=2\varepsilon_1=\gamma \quad (3-5-2)$$

可见，应变仪的读数 ε_r 在数值上即为剪应变 γ 值。

实验在 DDT-4 型电子式动静态力学组合实验台低碳钢薄壁圆筒纯扭转装置上进行（图 3-5-2）。薄壁圆筒一端固定，另一端下方用滚动副支撑并连接与之垂直的伸臂，在伸臂端部加一个向下的集中载荷，这样薄壁圆筒表面每点都处于纯剪切应力状态。在圆筒固定端附近表面的 a 点或 b 点，粘贴两枚应变片，沿圆筒轴线向右为 x 轴正向，两枚应变片与 x 轴正向分别呈 $\pm45°$，如图 3-5-2 中 1#、3# 或 6#、4# 应变片。用应变仪测出应变，再进行数据处

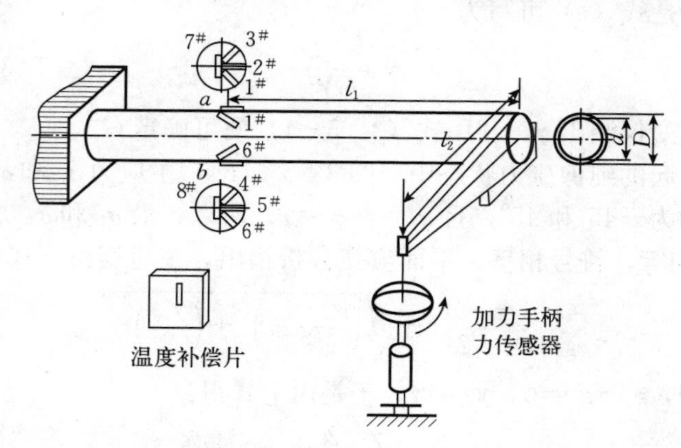

图 3-5-2　薄壁圆筒纯扭转装置

理。实验采用等增量加载法。

估算出比例极限内扭矩的最高允许值 T_n 和初扭矩 T_o，从 T_o 到 T_n 把载荷分成 n 个等级，每级扭矩增量为

$$\Delta T=\frac{T_n-T_o}{n} \tag{d}$$

加载过程中，对每一扭矩 T_i 都可以测出对应的 γ_i（亦即应变仪的读数 ε_r）。实验至少重复 3 次，选择线性较好一组数据 $T_i-\gamma_i$，将它们拟合为直线，直线的斜率为

$$m=\frac{\sum T_i\cdot\sum\gamma_i-n\sum T_i\gamma_i}{\left(\sum T_i\right)^2-n\sum T_i^2},\ i=1,\ 2,\ \cdots,\ n$$

另一方面，由式（3－5－1）表示的胡克定律表明，T 与 γ 的关系是斜率为$\frac{1}{GW_t}$的直线，令 $m=\frac{1}{GW_t}$，即可求出：

$$G=\frac{\left(\sum T_i\right)^2-n\sum T_i^2}{\sum T_i\cdot\sum\gamma_i-n\sum T_i\gamma_i}\cdot\frac{1}{W_t},\ i=1,\ 2,\ \cdots,\ n \tag{3-5-3}$$

三、实验设备和仪器

（1）DDT－4 型电子式动静态力学组合实验台及与之配套的动静态多通道测试系统，或 BFCL－3 材料力学多功能实验台及与之配套的力与应变综合参数测试仪。

（2）游标卡尺和钢板尺。

四、实验步骤

（1）测量试样与装置的有关尺寸：测量 DDT－4 型电子式动静态力学组合实验台低碳钢薄壁圆筒的内、外直径，载荷作用点距圆筒形心的距离 l_2，圆筒上被测点 a（或 b）到载荷作用面距离 l_1。杠杆比值 1∶6。

（2）拟定加载方案：估算 F_{max}（一般取材料屈服强度的 70%～80%，该实验载荷范围 $F_{max}\leqslant 240\ \mathrm{N}$），分 4～6 级加载。实验中采用螺旋连续加载，系统可记录下：初载荷 $F_o=60\ \mathrm{N}$，$F_1=120\ \mathrm{N}$，…，$\Delta F=60\ \mathrm{N}$，$F_{max}=240\ \mathrm{N}$ 时所对应的应变。

（3）接线：将 a 点或 b 点沿轴线方向呈±45°的两个应变片 1#、3# 或 4#、

$6^{\#}$，接在相邻的桥臂上，组成工作应变片互为温度补偿的半桥测量电桥。

(4) 将应变片对应接好，请指导教师检查后，方可开始加载。

(5) 实验完毕请指导教师检查记录并签字，将设备仪器恢复原状并清理现场。

注意：将载荷分别加到 $F_o=60$ N，$\Delta F=60$ N，…，$F_{max}=240$ N 时从应变仪上读出并记录相应的每级载荷的应变读数值 ε_n，该读数数值即为相应于各级载荷的剪应变 γ_i。实验至少重复 3 次，每次加载显示测试值后，立即卸载。

五、实验记录与数据处理

表 3-5-1　试样与装置相关参数

测点 a（或 b）到载荷作用面的距离 l_1（mm）=	载荷作用点距圆筒形心的距离 l_2（mm）=
内径 d（mm）= 外径 D（mm）=	$E=200$ GPa 泊松比 $\mu=0.3$

表 3-5-2　实验数据记录

载荷/N		第一次读数（$\mu\varepsilon$）		第二次读数（$\mu\varepsilon$）		第三次读数（$\mu\varepsilon$）	
		读数 ε_r	剪应变 γ	读数 ε_r	剪应变 γ	读数 ε_r	剪应变 γ
$F_o=60$	$T_o=$						
$F_1=120$	$T_1=$						
$F_2=180$	$T_2=$						
$F_3=240$	$T_3=$						

六、分析与讨论

1. 如改用 45°应变片加温度补偿片进行单点测量，试导出剪切模量 G 与应变仪读数之间的关系。

2. 若把两个应变片在桥臂中的位置互换，应变仪上的读数应变与原来相比有何变化？

实验六　弯曲正应力实验

一、实验目的

1. 测定梁在纯弯曲时横截面上正应力的大小及其分布规律。

2. 掌握电测法和多点应变测量技术。

二、实验原理及方法

梁纯弯曲时横截面上正应力分布规律：横截面上任意一点的正应力与该点到中性轴的距离成正比，距中性轴等远的同一横线上的各点的正应力相等，中性轴各点的正应力均为零。那么，在梁纯弯曲横截面高度方向，在梁的表面沿梁的纵向粘贴应变片，能实测到所贴应变片处的纵向应变，亦即此处整个层面的应变，亦即此处所在距中性轴等远的同一横线上各点的应变，然后借助胡克定律，求出横截面上该点所在距中性轴等远的同一横线上各点的正应力。

实验在 DDT－4 型电子式动静态力学组合实验台箱形截面不锈钢或 BFCL－3 材料力学多功能实验台 45 号矩形截面钢直梁装置上进行（图 3－6－1），在加力杠杆的作用下，梁的中部 CD 段发生纯弯曲，弯矩为 $M=\frac{1}{2}Fa$。在梁 CD 段截面高度 H 的 4（或 6）等分处，沿梁纵向粘贴 5（或 7）枚应变片。其中在梁的上、下表面及中性层三个特殊位置各贴一枚，如图 3－6－1 中的 $1^{\#}$、$7^{\#}$ 和 $4^{\#}$。在梁的中性轴（层）处（或不受力的与试样相同的材料上）粘贴温度补偿片。将 5（或 7）个待测应变片分别与温度补偿片接在动静态多通道测试仪（或力与应变综合参数测试仪）上，组成 5（或 7）个 1/4 桥单臂工作温度共同补偿的测量电桥电路（图 3－6－2）。测出载荷作用下各待测点的应变 ε，由胡克定律知：

$$\sigma=E\varepsilon$$

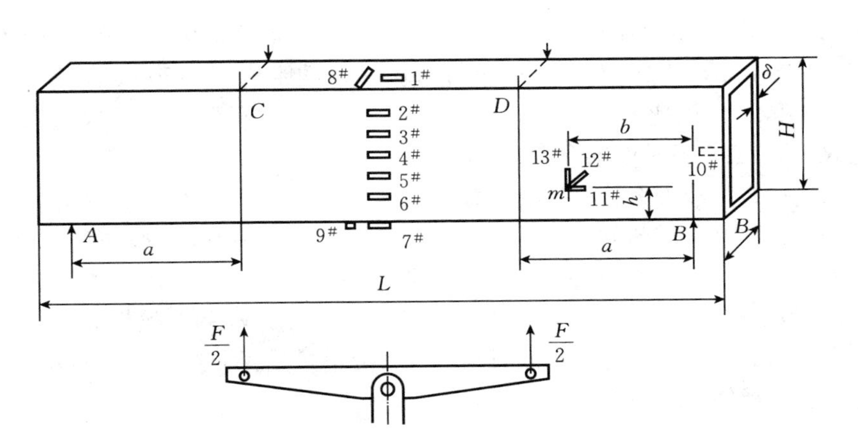

图 3－6－1　矩形截面弯曲正应力实验装置

实验时采用逐级等增量法，估算最大载荷 F_{max}，使它对应的最大弯曲正应力为屈服强度 R_{eL}（70%～80%）。选取适当的初载荷（一般取初载荷 $F_o=F_{max}\times 10\%$），每增加一级等量载荷 ΔF，测一次应变增量 $\Delta\varepsilon$，然后取应变增量 $\Delta\varepsilon$ 的平均值 $\Delta\varepsilon_m$，由此，弯曲正应力的测试值为：

$$\Delta\sigma_m=E\cdot\Delta\varepsilon_m \quad (3-6-1)$$

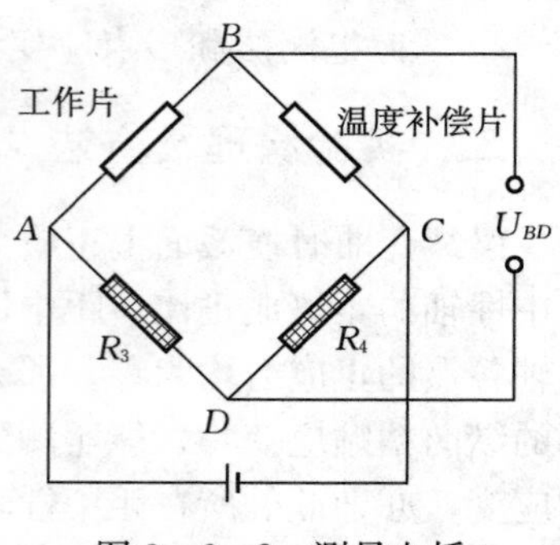

图 3-6-2　测量电桥

三、实验设备和仪器

（1）DDT-4 型电子式动静态力学组合实验台及与之配套的动静态多通道测试系统，或 BFCL-3 材料力学多功能实验台及与之配套的力与应变综合参数测试仪。

（2）游标卡尺与钢板尺。

四、实验步骤

（1）测量试样与装置有关尺寸（以测量值为准）：

（a）DDT-4 型电子式动静态力学组合实验台箱形截面不锈钢直梁的几何尺寸：梁宽 $B=26$ mm，梁高 $H=50$ mm，壁厚 $\delta=1$ mm，支座与力点的距离 $a=260$ mm，弹性模量 $E=200$ GPa，各测点间距 $Y=H/4$，应变片电阻值 $R=120\ \Omega$，灵敏度系数 $k=2.10$。

（b）BFCL-3 材料力学多功能实验台 45 号矩形截面钢直梁的几何尺寸：梁宽 $B=20$ mm，梁高 $H=40$ mm；支座与力点的距离 $a=150$ mm，弹性模量 $E=206$ GPa，泊松比 $\mu=0.28$，力臂 $a=150$，各测点间距 $Y=\mathrm{H}/4$，应变片电阻值 $R=120\ \Omega$，灵敏度系数 $k=2.08$。

（2）拟定加载方案：根据最大载荷估算法，对于不锈钢直梁，$F_{max}=2\,000$ N，实验中采用等增量法加载，$F_o=300$ N，$F_1=600$ N，…，$\Delta F=300$ N，$F_{max}=2\,000$ N；对于 45 号钢直梁，$F_{max}=2\,000$ N，实验中采用等增量法加载，$F_o=500$ N，$F_1=1\,000$ N，…，$\Delta F=500$ N，$F_{max}=2\,000$ N。载荷每增加一级，记下相应的应变，注意每级加载时的应变读数增量是否大致相同，相同时实验正常，否则重做。

（3）实验采用多点测量中半桥单臂温度公共补偿接线法：将 $1^{\#}$～$5^{\#}$（或 $7^{\#}$）工作应变片接在动静态多通道测试仪或力与应变综合参数测试仪面板上

的1～5（或7）通道上，温度补偿片接公共补偿端（图3-6-2）。AB臂接工作片（或温度补偿片），BC臂接温度补偿片（或工作片），其他两个桥臂为应变仪中的标准电阻。在梁中性层内，因$\sigma_{理}=0$，故只需计算绝对误差。

电桥的接法可采用以上接法，也可采用半桥双臂工作温度互为补偿的接法。以7片为例：将1#与7#、2#与6#、3#与5#应变片分别接在动静态多通道测试仪面板力与应变综合参数测试仪面板上的1、2、3通道上，组成三个半桥双臂工作温度互为补偿的测量电桥电路。BC臂接工作片1#、2#、3#，AB臂接工作片7#、6#、5#，其他两个桥臂为应变仪中的标准电阻。根据桥路原理，测量值是实际应变的2倍，测量灵敏度提高了2倍。桥臂系数为2。梁中性层的4#温度补偿片组成一个1/4桥单臂工作温度补偿的测量电桥电路。

（4）将桥路接好，请指导教师检查后，方可进行实验。

注意：(a) 加载要均匀缓慢，测量中不允许挪动导线，小心操作，不要用超载压坏钢梁。

(b) 每次加载显示测试值后，注意应变是否按比例增大，若是，记录每一F_i对应的每一点的ε_i，将F_i与ε_i填入实验数据记录表中，并计算$\Delta\varepsilon_i$及$\Delta\varepsilon_m$。否则重做。

(c) 每次加载显示测试值后，立即卸载。

（5）实验完毕请指导教师检查实验记录并签字，将仪器、工具等整理恢复原状并清理现场。

五、实验记录与数据处理

1. 实验记录

表3-6-1　试样几何尺寸、性能参数、应变片粘贴位置记录表

	45号钢直梁	不锈钢直梁	应变片至中性层距离/mm	
梁宽 B/mm	20	26		
梁高度 H/mm		50	粘贴5枚应变片	粘贴7枚应变片
跨距 L/mm	450			$y_1=H/2=$
支座与力点距离 a/mm	150	260	$y_1=H/2=$	$y_2=H/3=$
弹性模量 E/GPa	206	200	$y_2=H/4=$	$y_3=H/6=$
泊松比 μ	0.28		$y_3=0$	$y_4=0$
惯性矩 $I_z=bh^3/12$ (m^4)	1.067×10^{-7}		$y_4=H/4=$	$y_5=H/6=$
			$y_5=H/2=$	$y_6=H/3=$
				$y_7=H/2=$

表 3-6-2　实验数据记录表

载荷		应变仪读数													
		1# (CH_1)		2# (CH_2)		3# (CH_3)		4# (CH_4)		5# (CH_5)		6# (CH_6)		7# (CH_7)	
F (N)	ΔF	$\mu\varepsilon_1$	$\Delta\mu\varepsilon_1$	$\mu\varepsilon_2$	$\Delta\mu\varepsilon_2$	$\mu\varepsilon_3$	$\Delta\mu\varepsilon_3$	$\mu\varepsilon_4$	$\Delta\mu\varepsilon_4$	$\mu\varepsilon_5$	$\Delta\mu\varepsilon_5$	$\mu\varepsilon_6$	$\Delta\mu\varepsilon_6$	$\mu\varepsilon_7$	$\Delta\mu\varepsilon_7$
$F_o=$															
$F_1=$															
$F_2=$															
$F_3=$															
$F_4=$															
平均应变增量		$\Delta\overline{\mu\varepsilon}_1=$		$\Delta\overline{\mu\varepsilon}_2=$		$\Delta\overline{\mu\varepsilon}_3=$		$\Delta\overline{\mu\varepsilon}_4=$		$\Delta\overline{\mu\varepsilon}_5=$		$\Delta\overline{\mu\varepsilon}_6=$		$\Delta\overline{\mu\varepsilon}_7=$	
测试应力 $\Delta\sigma_{测}$															
理论应力 $\Delta\sigma_{理}$															
相对误差 η															

2. 数据处理

(1) 测试应力根据式 (3-6-1) 计算。

(2) 弯曲正应力的理论值可根据材料力学公式 $\Delta\sigma_{理}=\dfrac{\Delta MY}{I_Z}$，$\Delta M=\dfrac{1}{2}\Delta F\cdot a$，$I_Z=\dfrac{\delta H^3}{6}\left(3\dfrac{B}{H}+1\right)$计算。

(3) 将弯曲正应力的理论值和实测值进行比较，计算相对误差：相对误差 $\eta=\dfrac{\sigma_{理}-\sigma_{测}}{\sigma_{理}}\times100\%$。

六、分析与讨论

1. 怎样才能验证纯弯曲下正应力分布规律呢？试设计弯曲正应力试样应变片的分布。

2. 实验结果与理论计算是否一致？如不一致其主要影响因素是什么？

3. 弯曲正应力的大小是否会受材料弹性系数 E 的影响？

实验七　冲击实验

一、实验目的

1. 了解冲击吸收能量的含义。

2. 测定低碳钢和铸铁的吸收能量值，比较两种材料的抗冲击能力和破坏断口的形貌。

二、实验原理及方法

冲击载荷是指在与承载构件接触的瞬时内速度发生急剧变化的情况下的载荷。冲击钻、汽动凿岩机械、锻造机械等所承受的载荷即为冲击载荷。

冲击载荷作用下，若材料尚处于弹性阶段，其力学性能与静载下基本相同。例如，在这种情况下，钢材的弹性模量 E 和泊松比 μ 等都无明显变化。但在冲击载荷作用下材料进入塑性阶段后，其力学性能却与静载下有显著不同。例如，塑性性能良好的材料，在冲击载荷下会呈现脆化倾向，发生突然断裂。由于冲击问题的理论分析较为复杂，因而在工程实际中经常以实验手段检验材料的抗冲击性能。

按照不同的实验温度、试样受力方式、实验打击能量等来区分，冲击实验的类型繁多，不下 10 余种。现介绍常温、简支梁式、大能量一次性冲击实验（执行 GB/T229—2007《金属材料　夏比摆锤冲击试验方法》)。

冲击试验机由摆锤、机身、支座、度盘、指针等几部分组成（图 3－7－1)。实验时，将带有缺口的受弯试样安放于试验机的支座上，举起摆锤使它自由下落将试样冲断。若摆锤重量为 G，冲击中摆锤的质心高度由 H_o 变为 H_1，势能的变化为 G（H_o-H_1)，它等于冲断试样所消耗的功 W，亦即冲击中试样所吸收的能量 K：

$$K=W=G\ (H_o-H_1)$$

式中，K 为试样的吸收能量值，可由指针指示的位置从度盘上读出。

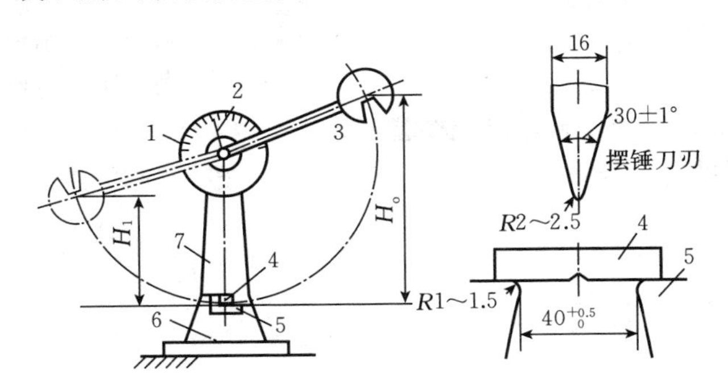

图 3－7－1　冲击试验机

1. 度盘　2. 指针　3. 摆锤　4. 试样
5. 支座　6. 底座　7. 机身

因为试样缺口处的高度应力集中，能量 K 的绝大部分为缺口局部所吸收。以试样在缺口处的最小截面面积 A_0 除 K，定义为材料的冲击韧性 a_k，即

$$a_k=\frac{K}{A_0} \tag{3-7-1}$$

式中，a_k 的单位为 J/cm^2。a_k 的值越大，表明材料的抗冲击性能越好。a_k 值是一个综合性的参数，不能直接应用于设计，但可作为抗冲击构件选择材料的重要指标。因为能量 K 是为试样内发生塑性变形的材料吸收的，它应与发生塑性变形的材料的体积有关，而式（3-7-1）中却是除以缺口处的横截面面积，所以 a_k 的含义并不确切。因此，GB/T 229—2007《金属材料　夏比摆锤冲击试验方法》规定直接用吸收能量 K 衡量材料抗冲击的能力，它有较为明确的物理含义。

值得提出的是，一方面，冲击过程所消耗的能量，除大部分为试样断裂所吸收外，还有一小部分消耗于机座振动等方面，只因这部分能量相对较小，一般可以忽略。但它却随实验初始能量的增大而加大，故对吸收能量 K 原本就较小的脆性材料，宜选用冲击能量较小的试验机。另一方面，理想的冲击实验应在恒定的冲击速度下进行。在摆锤实验中，冲击速度随断裂进程降低，对于冲击吸收能量接近摆锤打击能力的试样，打击期间摆锤速度已下降至不再能准确获得冲击能量。因此，选择试验机初始势能大小很重要，国标规定：试样吸收能量 K 不应超过实际初始势能 K_p 的 80%（如超过此值，应注明超过试验机能力 80%），不得低于试验机最小分辨力的 25 倍。这样实验结果才具有真实性。

材料的内部缺陷和晶粒的粗细对吸收能量 K 有明显影响，因此可用冲击实验来检验材料质量，判定热加工和热处理工艺质量。吸收能量 K 对温度的变化也很敏感，随着温度的降低，在某一狭窄的温度区间内，低碳钢的吸收能量 K 骤然下降，材料变脆，出现冷脆现象。所以常温冲击实验一般在 23 ℃±5 ℃的温度下进行。温度不在这个范围内时，应注明实验温度。

三、实验设备和仪器

（1）冲击试验机。

（2）冲击试样。

冲击吸收能量 K 与试样的尺寸、缺口形状和支承方式有关。为便于比较，国家标准规定了试样样坯的切取执行 GB/T 2975 有关规定。同时，规定了两种形式的试样：V 形缺口试样和 U 形缺口试样（梅氏试样），如图 3-7-2 所

示，两者皆为简支梁形式，试样上开有缺口是为了使缺口区形成高度应力集中，吸收较多的能量。缺口底部越尖锐就更能体现这一要求，所以较多地采用V形缺口。

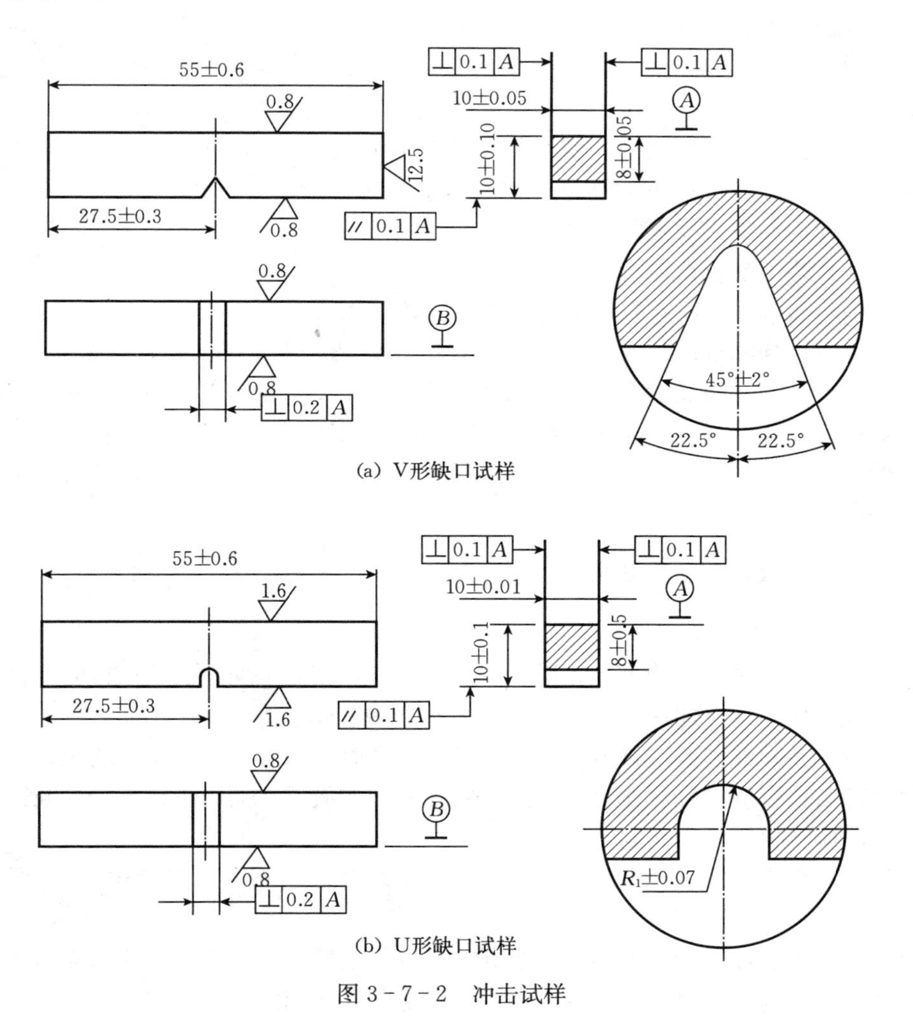

(a) V形缺口试样

(b) U形缺口试样

图 3-7-2　冲击试样

四、实验步骤

(1) 实验前应检查摆锤空打时的回零差或空载能耗。让摆锤自由下垂，使被动指针紧靠主动指针。然后举起摆锤空打（即试验机上不放置试样），若被动指针不能指零，应调整指零。

(2) 实验前检查砧座跨度应保证在 $40^{+0.2}_{0}$ mm 以内，按图 3-7-3 安放试样。

(3) 试样应紧贴实验机砧座，锤刃沿缺口对称面打击试样缺口的背面，试样缺口对称面偏离两砧座间的中点应不大于 0.5 mm，见图 3-7-3。

(4) 将摆锤举至需要位置，然后使其自由下落冲断试样。记录被动指针在度盘上的读数，即为冲断试样吸收能量 K。

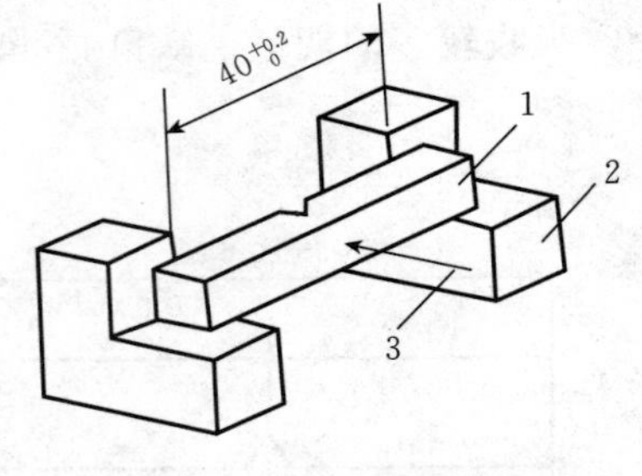

图 3-7-3　试样安放位置

1. 试样　2. 支座　3. 冲击方向

(5) 确定实验是否有效：

(a) 如试样卡锤或操作不当，则实验数据无效。

(b) 试样断裂后检查断口：试样断口有明显夹渣、裂纹，且数据偏低时，实验应重做。在明显的变形部位如有试样的标记，实验结果可能不代表材料的性能，应在实验报告中注明。国标规定试样标记应远离缺口，不应标在与支座或摆锤刀刃接触的面上。试样的标记应避免塑性变形和表面不连续性对冲击吸收能量的影响。

五、注意事项及实验数值修约

1. 注意事项

(1) 无论是机动冲击设备或手动冲击设备，在高举摆锤安装试样时，都必须有人托住摆锤严加保护，以防摆锤突然下落造成事故。

(2) 手动冲击试验机当摆锤举到需要高度时，可听到销钉锁住的声音，为避免冲断销钉应轻轻放摆。在销钉未锁住前切勿放手。摆锤下落尚未冲断试样前，不应将控制杆推向制动位置。

(3) 在摆锤摆动范围内，不得有任何人员活动或放置障碍物，以保证安全。

(4) 若试样受冲击后未完全断裂，可以报出冲击吸收能量，或与完全断裂试样结果平均后报出。报告中应注明试样未断开所用的试验机型号。

(5) 比较低碳钢和铸铁两种材料的吸收能量值，绘出两种试样的断口形貌，指出各自的特征。

2. 实验数值的修约

GB/T 229—2007《金属材料　夏比摆锤冲击试验方法》中规定读取每个试样的冲击吸收能量，应至少读到 0.5 J 或 0.5 个标度单位（取两者之间较小值)。实验结果应保留两位有效数字，修约的方法按照 GB/T 8170 执行。

六、分析与讨论

1. 用冲击低碳钢的大能量试验机冲击铸铁试样，能否得到准确结果?

2. 因冲击能量偏低使试样未曾折断，是认为实验无效应重新进行? 还是在报告中注明试样未断开所用的试验机型号?

3. 观察冲击试样断口形貌有什么意义?

第四章　综合设计性实验

实验一　连接件的剪切挤压实验

一、实验目的

1.测取销钉被剪断时的剪载荷并观察剪断面。

2.测取销钉与孔连接时销钉产生显著变形时的最大挤压应力。

二、实验原理及方法

生活中与机械制造中有很多构件与构件之间采用耳片、销钉或螺栓等相连接，如农机具与驱动力之间的三点悬挂。连接件之间的受力与变形一般均较复杂，而且在很大程度上还受到加工工艺的影响，要精确分析其应力比较困难，同时也不实用。工程中一般采用简化分析方法。而在实验室中，可以用万能试验机简单地测出构件之间产生显著变形或切断所需要的力。

（一）剪切

销钉受力简图如图 4－1－1（a）所示，作用在销钉上的外力垂直于销钉轴线，且作用线之间的距离很小。实践证明，当上述外力过大时，销钉将沿着横截面 1－1 与 2－2 被剪断，如图 4－1－1（b）。利用截面法分析销钉的内力，沿切面 1－1 假设将销钉切开，并选切开后的左段为研究对象，如图 4－1－1（c），显然，横截面上的内力等于外力 F_1，并位于该截面内。作用线位于所切横截面的内力，即剪力，用 F_s 表示。

（二）挤压

在外力作用下，销钉与孔直接接触，接触面上的应力称为挤压应力。实验表明，当挤压应力过大时，在孔、销接触的局部区域内，将产生显著的塑性变形（图 4－1－1d），以致影响孔和销的正常配合。显然，这种显著的塑性变形通常是不允许的。在局部接触的圆柱面上，挤压应力的分布如图 4－1－1（e）所示，最大挤压应力 σ_{bs} 发生在该表面的中部，最大挤压力为 F_b，耳片的厚度为 δ，销钉或孔的直径为 D，根据实验与分析结果，最大挤压应力为

$$\sigma_{bs} \approx \frac{F_b}{\delta D} \tag{4-1-1}$$

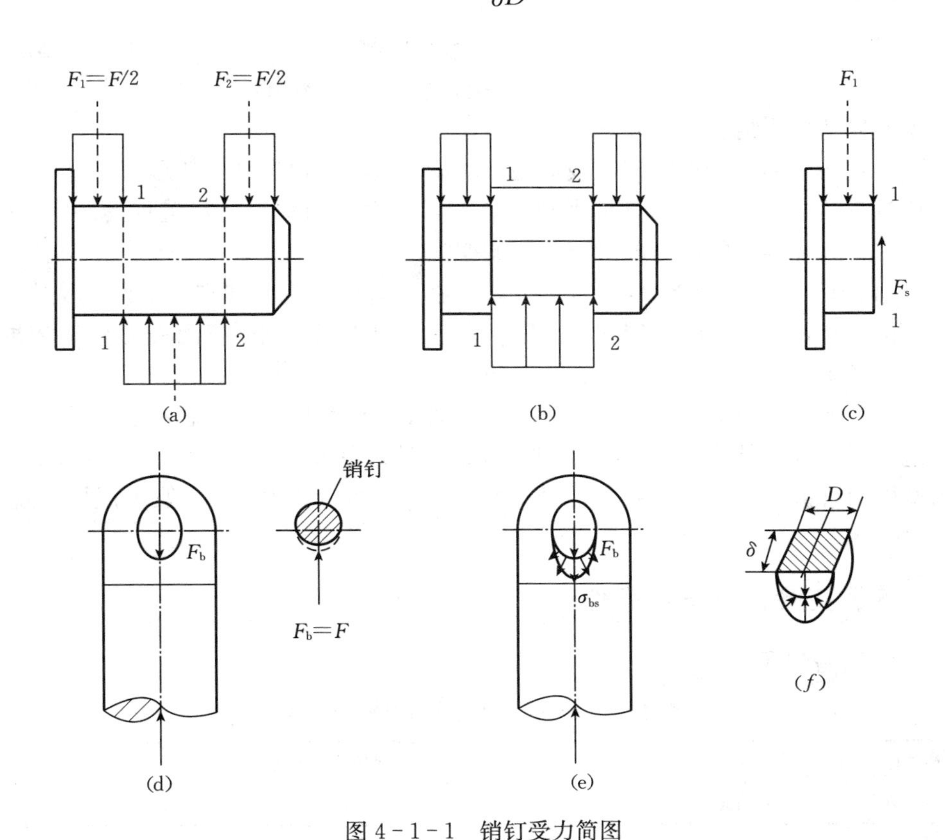

图 4-1-1　销钉受力简图

由图 4-1-1（f）可以看出，受压圆柱面在相应径向平面上的投影面积也是 δD，因此最大挤压应力 σ_{bs} 数值上即等于上述径向截面的平均压应力。

根据以上原理设计以下试样：用直径 D 为 6 mm 的金属销钉，将厚度 δ 为 5 mm 两片钢板耳片与宽为 8 mm 的构件连接起来，两钢板耳片焊接在直径为 15 mm 的金属圆柱上作为试样夹持部分，构件一边直接用平面夹头块装夹即可。

三、实验设备和仪器

（1）材料万能试验机。

（2）游标卡尺。

四、实验步骤

（1）原始数据的测量与标记：用游标卡尺测量耳片与销钉接触处的厚度 δ、销钉的直径 D，自拟表格填入。在销钉横截面上用白色笔画一条直径，以便观察显著变形情况。

（2）如使用度盘指针记录载荷的万能试验机时，根据试样的形状、尺寸和预计材料的抗拉强度来估算最大拉力，并以此力作为示力度盘量程的 40%～80%，以选择合适的示力度盘和相应的摆锤。

（3）安装试样，将试样装置调好，装在万能试验机拉伸空间的两夹头中，注意试样装置的中心线、销钉横截面上白色画线直径与试验机两夹头的中心线同轴。经指导教师检查后即可开始实验。

（4）加载：在实验过程中，要求均匀缓慢地进行加载。注意观察试样所做标记，当直线开始弯曲时，记下载荷 $F_{挤}$，即为最大挤压力 $2F_b$。继续加载，当试样销钉被剪断后立即停机，记下载荷 $F_{剪}$，即为剪力 $2F_s$。取下试样，观察剪断面。

五、实验记录与数据处理

1. 实验记录

表 4-1-1　试样几何尺寸及实验数据

耳片厚度 δ_1＝　　　mm	实验机测到的最大剪力 $F_{剪}$＝
销钉直径 D＝　　　mm	实验机测到的最大挤压力 $F_{挤}$＝

2. 实验数据处理

（1）销钉所受剪力：$F_s=\dfrac{F_{剪}}{2}$

（2）销钉所受最大挤压应力：$\sigma_{bs}\approx\dfrac{F_b}{\delta D}=\dfrac{F_{挤}}{2\delta D}$

六、分析与讨论

1. 试样尺寸、形状对测量结果有无影响？为什么？

2. 试样轴线与试验机夹头不同轴出现平移或角度差，对实验结果有无影响？

3. 如以构件与耳片为研究对象，结果如何？

实验二　等强度梁弯曲实验

一、实验目的

1. 认识工程中的等强度结构，学习和理解等强度梁的设计理论和计算方法。

2. 使用电测法测定等强度梁上下表面的应力，验证梁的弯曲理论。

3. 熟练应用应变仪，使用多点测量电桥的接线方法来完成实验，提高动手能力。

二、实验原理及方法

很多工程设计均为等强度设计，如桥梁、吊车、飞机机翼、体育场挑棚、行李架固定支座和车辆下的叠板弹簧等，它有节省材料、提高结构的承载力、节省空间、降低自重、提高结构实用性等优点。本实验采用等强度梁作为实验试样，等强度梁截面尺寸分布为线性，斜面的交点为力的作用点。将其固定在实验台架上，在作用点施加垂直向下的载荷 F，梁发生纯弯曲，在同一截面，上表面产生拉应变、下表面产生压应变，上下表面产生的拉压应变绝对值相等。理论计算公式为

$$\varepsilon=\frac{6FL}{Ebh^2} \qquad (4-2-1)$$

式中，F 为梁上所加的载荷；L 为载荷作用点到测试点的距离；b、h 为粘贴应变片处梁的宽度、厚度；E 为弹性模量。

在距梁的力作用点 220 mm、300 mm 的两截面上下表面分别粘贴应变片 R_1 和 R_3、R_2 和 R_4（图 4-2-1），当对梁施加载荷 F 时，梁产生弯曲变形，用应变仪测出两截面上下表面的应力。采用逐级等量加载。

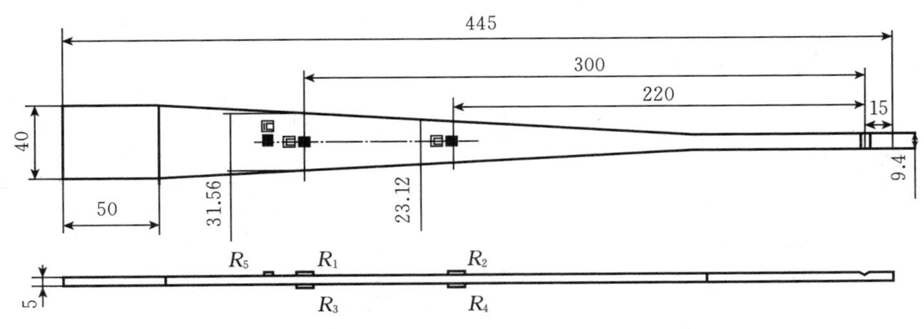

图 4-2-1　等强度梁粘贴应变片（单位：mm）

三、实验设备和仪器

（1）材料力学组合实验台及与之配套的力与应变综合参数测试仪中等强度梁实验装置。

（2）游标卡尺、钢板尺。

（3）试样。

四、实验步骤

（1）设计好本实验所需的各类数据表格。

（2）测量等强度梁的原始尺寸。试样等强度梁的性能参数弹性模量 $E=$ 200 GPa，泊松比 $\mu=0.28$。

（3）拟定加载方案：选取适当的初载荷 F_0（一般取 $F_0=10\%F_{max}$左右），估算最大载荷 F_{max}（该实验载荷范围≤75 N），一般分 3～6 级加载。

（4）实验采用多点测量中半桥单臂温度公共补偿接线法，将悬臂梁两处的上、下两表面四点的应变片 R_1、R_2、R_3 和 R_4，分别接到电阻应变仪测试通道上的 AB 臂，温度补偿片接电阻应变仪公共补偿端 BC 臂。

（5）按实验要求接好线，调整好仪器，检查整个系统处于正常工作状态后，开始加载。

（6）实验加载要均匀慢速加载至初载荷 F_0。记下各点应变片的初读数或应变与加载力同时清零；然后逐级加载，每增加一级载荷，依次记录各点载荷值与电阻应变仪的读数 ε_i，直到最终载荷。实验至少重复 3 次。

（7）做完实验后，卸掉载荷，关闭电源，整理好所用仪器设备，清理实验现场，将所用仪器设备复原，实验资料交指导教师检查签字。

五、实验记录与数据处理

1. 实验记录

表 4-2-1　等强度梁的几何尺寸和性能参数

<table>
<tr><td>梁的极限尺寸：445 mm×40 mm×5 mm</td><td>梁的断面应力 σ=45.6 MPa</td></tr>
<tr><td>梁的工作尺寸：380 mm×40 mm×5 mm</td><td>弹性模量 E=206 GPa</td></tr>
<tr><td>梁的有效长度段斜率 tanα=0.052 6</td><td>泊松比 μ=0.28</td></tr>
<tr><td colspan="2">应变片到力作用点的距离 l_1=220 mm，此处截面宽度 b_1=23.10 mm</td></tr>
<tr><td colspan="2">应变片到力作用点的距离 l_2=300 mm，此处截面宽度 b_2=31.50 mm</td></tr>
</table>

表 4-2-2　等强度梁实验数据记录表

载荷/N ＼ 测点	测点应变（$\mu\varepsilon$）							
	R_1		R_3		R_2		R_4	
	读数	增量 $\Delta\varepsilon$	读数	增量 $\Delta\varepsilon$	读数	增量 $\Delta\varepsilon$	读数	增量 $\Delta\varepsilon$
25								
50								
75								
平均增量 $\Delta F=25$ $\overline{\Delta\varepsilon}$								
实验应力								
理论计算								
相对误差								

2. 数据处理

（1）实验应力：$\sigma_{测}=E\overline{\Delta\varepsilon}$

（2）理论计算：$\sigma_{理}=\dfrac{M}{W}=\dfrac{6\Delta FL}{bh^2}$

（3）计算相对误差。

六、分析与讨论

1. 如果将力的作用点左移或者右移，则不同截面的应力分布情况将有什么特点？

2. 本实验讨论的是梁的厚度不变时的等强度问题，如果假设梁的宽度不变，厚度可变，那么厚度沿长度方向的尺寸分布呈什么样的特点？

3. 本实验中对应变片的栅长尺寸有无要求？为什么？

4. 分析实验值与理论值不完全相等的原因。

实验三　电阻应变片灵敏度系数 k 的标定

一、实验目的

掌握电阻应变片灵敏度系数 k 的标定方法。

二、实验原理和方法

电阻应变片灵敏度系数 k 标定时，一般采用单向应力状态的受力件，通常采用等强度梁标定。粘贴在试样上的电阻应变片在力作用下产生变形时，其电阻相对变化 $\Delta R/R$ 与 ε 之间的关系为

$$\Delta R/R=k\varepsilon \tag{a}$$

因此，通过测量电阻应变片的 $\Delta R/R$ 和试样的应变 ε，即可得到应变片的灵敏度系数 k。实验在材料力学组合实验台等强度梁装置上进行（图 4-3-1），标定等强度梁如图 4-2-1 所示。

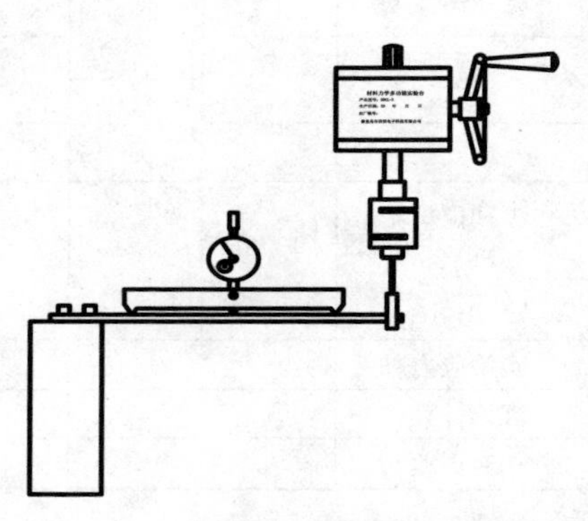

图 4-3-1　等强度梁装置

在梁弯曲段上、下表面，沿梁纵向轴线方向粘贴 4 片应变片，在中间安装一个三点挠度仪。当梁弯曲时，由挠度仪上的千分表可读出测量挠度（即梁在三点挠度仪跨度长 a 范围内的挠度），根据材料力学公式和几何关系，可求出标定等强度梁上、下表面的轴向应变为

$$\varepsilon=\frac{4hf}{a^2} \tag{b}$$

式中，h 为标定梁厚度；a 为三点挠度仪的跨度长；f 为挠度。

应变片电阻的相对变化 $\Delta R/R$ 可用高精度电阻应变仪测定。设电阻应变仪的灵敏系数为 k_0，读数为 ε_d，则

$$\frac{\Delta R}{R}=k_0\varepsilon_d \tag{c}$$

综合式（a），式（b），式（c）可得到应变片灵敏度系数 k：

$$k=\frac{a^2k_0}{4h}\cdot\frac{\varepsilon_d}{f} \tag{4-3-1}$$

在标定应变片灵敏度系数时，一般把应变仪的灵敏度系数调至 $k_0=2.00$，并采用逐级等量加载方式，测量在不同载荷下应变片的应变 ε_d 和梁在三点挠度仪跨度长 a 范围内的挠度 f，就可根据式（4-3-1）求得应变片灵敏度系数 k。

三、实验设备和仪器

（1）材料力学组合实验台及与之配套的力与应变综合参数测试仪。

（2）游标卡尺、钢板尺。

（3）三点挠度计及千分表。

四、实验步骤

（1）设计好本实验所需的各类数据表格。

（2）用游标卡尺测量弯曲梁的有关尺寸和三点挠度仪跨度长 a。

（3）安装等强度梁和三点挠度仪。

（4）拟定加载方案。先选取适当的初载荷 F_0（一般取 $F_0=10\%F_{max}$ 左右），确定三点挠度仪千分表的初读数，估算最大载荷 F_{max}（该实验载荷范围 $F_{max}\leqslant 75$ N），确定三点挠度仪上千分表的增量读数。一般分 3～6 级加载。

（5）实验采用多点测量中半桥单臂温度公共补偿接线法。将弯曲梁上各点应变片按序号分别接到电阻应变仪的四个测试通道的 AB 臂上，温度补偿片接电阻应变仪公共补偿端的 BC 臂上。调节好电阻应变仪灵敏度系数，使 $k_0=2.00$。

（6）按实验要求接好线，调整好仪器，检查整个系统处于正常工作状态后，开始加载。

（7）实验加载：旋转手轮向拉的方向加载。要均匀缓慢加载至初载荷 F_0。记下各点应变片和三点挠度仪的初读数；然后逐级加载，每增加一级载荷，依次记录各点应变片电阻应变仪的 ε_i 及三点挠度仪千分表上的 f_i，直到最终载荷。实验至少重复 3 次。

（8）做完实验后，卸掉载荷，关闭电源，整理好所用仪器设备，清理实验现场，将所用仪器设备复原，实验资料交指导教师检查签字。

五、实验记录与数据处理

1. 实验记录

表 4-3-1　标定梁几何尺寸与性能参数

标定梁的极限尺寸：445 mm×40 mm×5 mm	弹性模量 $E=206$ GPa
标定梁的工作尺寸：380 mm×40 mm×5 mm	泊松比 $\mu=0.28$
标定梁有效段斜率 $\tan\alpha=0.0526$	电阻应变仪灵敏系数（设置值）$k_0=2.00$
应变片到力作用点的距离 $l_1=220$ mm，$l_2=300$ mm	三点挠度仪跨度长 $a=200$ mm

表 4-3-2　实验数据记录表（此表可记录一次实验数据）

载荷/N		F	25	50	75	
		ΔF	25	25	25	
应变仪读数 $\mu\varepsilon$	R_1	ε_1				
		$\Delta\varepsilon_1$				
		平均值				
	R_2	ε_2				
		$\Delta\varepsilon_2$				
		平均值				
	R_3	ε_3				
		$\Delta\varepsilon_3$				
		平均值				
	R_4	ε_4				
		$\Delta\varepsilon_4$				
		平均值				
挠度值		f				
		Δf				
		平均值				

2. 数据处理

（1）取应变仪读数应变增量的平均值、挠度仪读数挠度增量的平均值，根据式（4-3-1）计算每个应变片每次实验的灵敏系数 k_i：

$$k_i=\frac{a^2 k_0}{4h}\cdot\frac{\varepsilon_{di}}{f_i}\quad(i=1,\ \cdots,\ n)$$

（2）计算每个应变片的平均灵敏系数 $\bar{k}$：

$$\bar{k}=\frac{\sum k_i}{n}\quad(i=1,\ \cdots,\ n)$$

（3）计算应变片灵敏度系数的标准差 S：

$$S=\sqrt{\frac{1}{n-1}\sum_{i=1}^{n}(k_i-\bar{k})^2}\quad(i=1,\ \cdots,\ n)$$

六、分析与讨论

为什么用纯弯曲梁或等强度梁来标定应变片的灵敏系数 k?

实验四　压杆稳定实验

一、实验目的

1. 用电测法测定两端铰支压杆的临界载荷 F_{cr}，并与理论值进行比较，验证欧拉公式。

2. 观察两端铰支压杆丧失稳定的现象。

二、实验原理及方法

图 4－4－1（a）所示，压杆铰支两端加压，由稳定平衡过渡到不稳定平衡的临界力可按欧拉公式计算：

$$F_{cr}=\frac{\pi^2 EI_{min}}{L^2} \qquad (4-4-1)$$

式中，I_{min}为压杆横截面的最小惯性矩，$I_{min}=\frac{bh^3}{12}$；L 为压杆的计算长度。

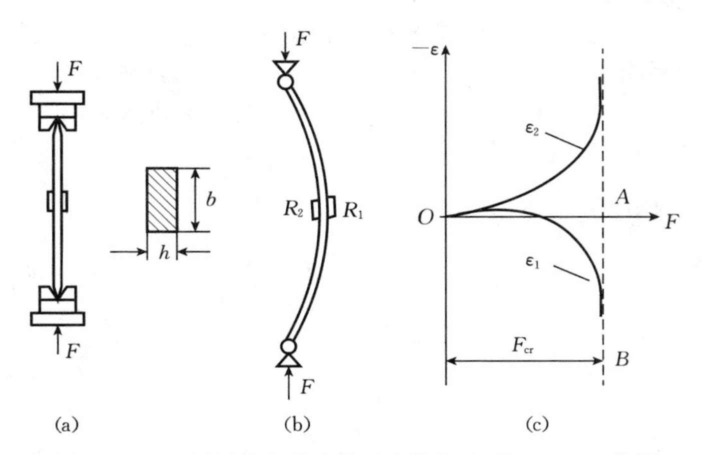

图 4－4－1　压杆稳定实验装置及载荷-变形（F－ε）曲线

如图 4－4－1（c）所示，在直角坐标系－εOF 中，OF 轴代表加在细长杆两端的载荷，－εO 轴代表应变片 R_1、R_2 的应变。虚线 AB 平行于－ε 轴并交 OF 轴于 A 点，A 点所在的载荷 F 值，即为依据欧拉公式计算所得的临界载荷 F_{cr}值。在 A 点之前，当 $F<F_{cr}$时压杆始终保持直线形式，处于稳定平衡状态。在 A 点，当 $F=F_{cr}$时，标志着压杆丧失稳定平衡的开始，压杆可在微弯的状态下维持平衡。在 A 点之后，当 $F>F_{cr}$时，压杆将丧失稳定而发生弯曲变形。因此，F_{cr}是压杆由稳定平衡过渡到不稳定平衡的临界力。

实际实验中的压杆，由于不可避免地存在初曲率、材料不均匀和载荷偏心，在 F 远小于 F_{cr}时压杆也会发生微小的弯曲变形，只是当 F 接近 F_{cr}时弯曲变形会突然增大，而丧失稳定。

实验测定 F_{cr}可在材料力学多功能试验台压杆稳定实验装置上进行。该装置如图 4-4-1（a）所示，上、下支座为 V 形槽口，将带有圆弧尖端的压杆装入支座中，在外力的作用下，通过能上下活动的上支座对压杆施加载荷，压杆变形时，两端能自由地绕 V 形槽口转动，即相当于两端铰支的情况。利用电测法，在压杆中央两侧各贴一枚应变片 R_1和 R_2（图 4-4-1b）。假设压杆受力后如图 4-4-1 所示向右弯曲时，以ε_1和ε_2分别表示应变片 R_1和 R_2 两点的应变值，此时ε_1是由轴向压应变与弯曲产生的拉应变之代数和，ε_2则是由轴向压应变与弯曲产生的压应变之代数和。当 $F \ll F_{cr}$时，压杆几乎不发生任何弯曲变形，ε_1和ε_2均为轴向压缩引起的压应变，两者相等。当载荷 F 增大时，弯曲应变ε_1则逐渐增大，ε_1和ε_2的差值也愈来愈大。当载荷 F 接近临界力 F_{cr}时，两者相差更大，而ε_1变成为拉应变。故无论ε_1还是ε_2，当载荷 F 接近临界力 F_{cr}时，均急剧增加。如用横坐标代表载荷 F，纵坐标代表压应变ε，则压杆的 F-ε 关系曲线如图 4-4-1（c）所示，由图 4-4-1（c）可以看出，当 F 接近 F_{cr}时，F-ε_1和 F-ε_2曲线都接近同一渐近线（虚线）AB，A 点对应的横坐标大小即为实验临界压力值。

三、实验设备和仪器

（1）材料力学组合实验台及与之配套的力与应变综合参数测试仪。

（2）游标卡尺、钢板尺。

四、实验步骤

（1）设计好本实验所需的各类数据表格。

（2）测量试样截面面积长和宽：在试样标距范围内，测量试样 3 个横截面尺寸，取 3 处横截面的长 b 和宽 h，取其平均值用于计算横截面的最小惯性矩 I_{min}。

（3）拟定加载方案：加载前用欧拉公式求出压杆临界压载荷 F_{cr}的理论值，在预估临界载荷值的 80％以内，采用逐级大等量加载，由载荷控制。可以分成 4～5 级加载，载荷每增加一个 ΔF_P，记录相应的应变值ε_1和ε_2一次。超过理论临界载荷的 80％以后，当压杆接近失稳时，变形量快速增加，此时载荷增量应取小些。或者改为变形量控制加载，即变形每增加一定的数量读取相应的载荷，直到 $\Delta F_{小}$ 的变化很小，渐近线的趋势已经明显为止。

（4）根据加载方案，调整好实验加载装置。

（5）按实验要求接线，采用多点测量中半桥单臂温度公共补偿接线法，将细长杆上两点的应变片 R_1 和 R_2，分别接到电阻应变仪测试通道上的 AB 臂，温度补偿片接电阻应变仪公共补偿端 BC 臂。调整好仪器，检查整个系统处于正常工作状态后，开始加载。

（6）加载按加载方案缓慢均速加载。当试样的弯曲变形明显、渐近线的趋势已经明显时，即可停止加载。卸掉载荷。实验至少重复 3 次。

（7）做完实验后，逐级卸掉载荷，仔细观察试样的变化，直到试样回弹至初始状态。关闭电源，整理好所用仪器设备，清理实验现场，将所用仪器设备复原，实验资料交指导教师检查签字。

五、实验记录与数据处理

1. 实验记录

表 4-4-1　试样截面几何尺寸及性能参数

	试样截面宽 h/mm	试样截面长 b/mm
截面Ⅰ		
截面Ⅱ		
截面Ⅲ		
平均值/mm		
试样计算长度	L＝320 mm（以测量数据为准）	
最小惯性矩/mm^4	$I_{min}=bh^3/12=$	
弹性模量	E＝206 GPa	

表 4-4-2　实验数据记录表

	载荷/N	应变仪读数（$\mu\varepsilon$）		
		第一次	第二次	第三次
临界力的 80%内，用大等量加载 $\Delta F_{大}=$	$F_1=$			
	$F_2=$			
	$F_3=$			
	$F_4=$			

（续）

	载荷/N	应变仪读数（$\mu\varepsilon$）		
		第一次	第二次	第三次
用小等量加载 $\Delta F_{小}$＝	F_5＝			
	⋮			
	F_{cr}＝			

2. 数据处理

（1）从实验数据得到临界载荷 $F_{cr实}$。

（2）根据式（4－4－1）计算理论临界载荷 $F_{cr理}$。

（3）计算相对误差。

六、分析与讨论

本实验是否可以采用半桥接线方式？如果能 $F-\varepsilon$ 曲线会是怎样的？试画出示意图。

实验五　弯扭组合主应力的测试

一、实验目的

1. 熟悉弯扭组合变形时主应力测试实验方案的制订和选择。

2. 使用应变花测量平面应力状态下主应力的大小及方向，进一步掌握主应力的概念及其测试方法。

3. 进一步熟悉电桥的选择。

二、实验原理及方法

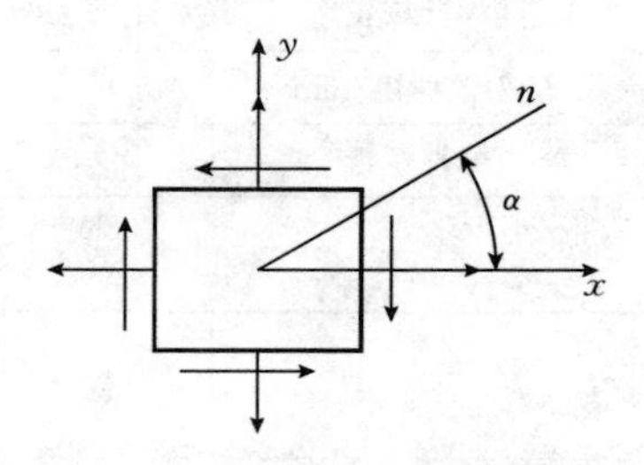

图 4－5－1　弯扭组合平面应力状态

弯扭组合下，薄壁圆筒表面每点的平面应力状态如图 4－5－1 所示，若在 xy 平面内，沿 x、y 方向的线应变为ε_x、ε_y，切应变为 γ_{xy}，根据应变分析，沿与 x 轴成α 角的方向 n（从 x 到 n 逆时针的α 为正）线应变为

$$\varepsilon_\alpha=\frac{\varepsilon_x+\varepsilon_y}{2}+\frac{\varepsilon_x-\varepsilon_y}{2}\cos2\alpha-\frac{1}{2}\gamma_{xy}\sin2\alpha \qquad \text{(a)}$$

ε_α 随 α 的变化而改变，在两个互相垂直的主方向上，ε_α 到达极值，称为主应变。主应变由下式计算：

$$\left.\begin{matrix}\varepsilon_1\\ \varepsilon_3\end{matrix}\right\}=\frac{\varepsilon_x+\varepsilon_y}{2}\pm\frac{1}{2}\sqrt{(\varepsilon_x-\varepsilon_y)^2+\gamma_{xy}^2} \tag{b}$$

两个互相垂直的主方向 α_0 由下式确定：

$$\tan 2\alpha_0=-\frac{\gamma_{xy}}{\varepsilon_x-\varepsilon_y} \tag{c}$$

对线弹性各向同性材料，主应变 ε_1、ε_3 和主应力 σ_1、σ_3 方向一致，并由广义胡克定律计算：

$$\left.\begin{aligned}\sigma_1&=\frac{E}{1-\mu^2}(\varepsilon_1-\mu\varepsilon_3)\\ \sigma_3&=\frac{E}{1-\mu^2}(\varepsilon_3-\mu\varepsilon_1)\end{aligned}\right\} \tag{d}$$

如果能够用电测法测到三个 α 角方向的线应变，就能求得主应力的大小与方向，不妨在三个特殊 α 角位置，贴三个应变片来设计实验试样，在圆筒表面 a 点粘贴一直角应变花，如图 4－5－2 所示，选定沿圆筒轴线向右为 x 轴正向，则 7#、3#、2# 三枚应变片的 α 角分别为 90°、45°、0°。（或将直角应变花粘贴为 45°、0°、－45°）将其代入式（a），得出沿这三个方向的线应变分别是：

$$\varepsilon_{90^\circ}=\varepsilon_y$$

$$\varepsilon_{45^\circ}=\frac{\varepsilon_x+\varepsilon_y-\gamma_{xy}}{2}$$

$$\varepsilon_{0^\circ}=\varepsilon_x$$

由以上三式解出：

$$\varepsilon_y=\varepsilon_{90^\circ}$$

$$\gamma_{xy}=\varepsilon_{0^\circ}+\varepsilon_{90^\circ}-2\varepsilon_{45^\circ}$$

$$\varepsilon_x=\varepsilon_{0^\circ}$$

其中，ε_{90°、ε_{45°、ε_{0° 可直接由应变仪测出，故 ε_x、ε_y、γ_{xy} 可由测量值求出。将它们代入公式（b），得：

$$\left.\begin{matrix}\varepsilon_1\\ \varepsilon_3\end{matrix}\right\}=\frac{\varepsilon_{0^\circ}+\varepsilon_{90^\circ}}{2}\pm\frac{1}{2}\sqrt{(\varepsilon_{0^\circ}-\varepsilon_{90^\circ})^2+(\varepsilon_{0^\circ}+\varepsilon_{90^\circ}-2\varepsilon_{45^\circ})^2} \tag{e}$$

把 ε_1 和 ε_3 代入胡克定律，可得到计算 a 点（或 b 点）主应力大小的公式：

$$\left.\begin{matrix}\sigma_1\\ \sigma_3\end{matrix}\right\}=\frac{E(\varepsilon_{0^\circ}+\varepsilon_{90^\circ})}{2(1-\mu)}\pm\frac{E}{2(1+\mu)}\sqrt{(\varepsilon_{0^\circ}-\varepsilon_{90^\circ})^2+(\varepsilon_{0^\circ}+\varepsilon_{90^\circ}-2\varepsilon_{45^\circ})^2} \tag{4-5-1}$$

将式ε_x、ε_y、γ_{xy}代入（c）得：

$$\tan 2\alpha_0=\frac{2\varepsilon_{45^\circ}-\varepsilon_{0^\circ}-\varepsilon_{90^\circ}}{\varepsilon_{0^\circ}-\varepsilon_{90^\circ}} \tag{4-5-2}$$

由式（4-5-2）解出相差$\pi/2$的两个α_0，确定两个相互垂直的主方向。利用应变圆可知，若ε_x的代数值大于ε_y，则由x轴量起，绝对值较小的α_0确定主应变ε_1（对应于σ_1）的方向。反之，若$\varepsilon_x<\varepsilon_y$则由$x$轴量起，绝对值较小的$\alpha_0$确定主应变$\varepsilon_3$（对应于$\sigma_3$）的方向。

同理得出直角应变花粘贴为45°、0°、−45°方向时的主应力大小和方向的公式为

$$\left.\begin{matrix}\sigma_1\\ \sigma_3\end{matrix}\right\}=\frac{E\ (\varepsilon_{45^\circ}+\varepsilon_{-45^\circ})}{2\ (1-\mu)}\pm\frac{\sqrt{2}E}{2\ (1+\mu)}\sqrt{(\varepsilon_{45^\circ}-\varepsilon_{0^\circ})^2+(\varepsilon_{-45^\circ}-\varepsilon_{0^\circ})^2} \tag{4-5-3}$$

$$\tan 2\alpha_0=\frac{\varepsilon_{45^\circ}+\varepsilon_{-45^\circ}}{2\varepsilon_{0^\circ}-\varepsilon_{45^\circ}-\varepsilon_{-45^\circ}} \tag{4-5-4}$$

实验在DDT-4型电子式动静态力学组合实验台低碳钢薄壁圆筒或在BFCL-3材料力学多功能实验台管材LY12硬铝合金装置上进行（图4-5-2）。圆筒一端固定，另一端悬臂并连接与之垂直的伸臂，在伸臂端部加一个向下的集中载荷，这样圆筒表面每点都处于弯扭组合应力状态。在圆筒固定端附近表面的a点或b点，粘贴一直角应变花，沿圆筒轴线向右为x轴正向，则7#、3#、2#三枚应变片的α角分别为90°、45°、0°。或将直角应变花粘贴为45°、0°、−45°。用应变仪测出三个方向的应变，再用式（4-5-1）和式（4-5-2）或式（4-5-3）和式（4-5-4）求得主应力并确定其方向。实验采用等增量加载法。

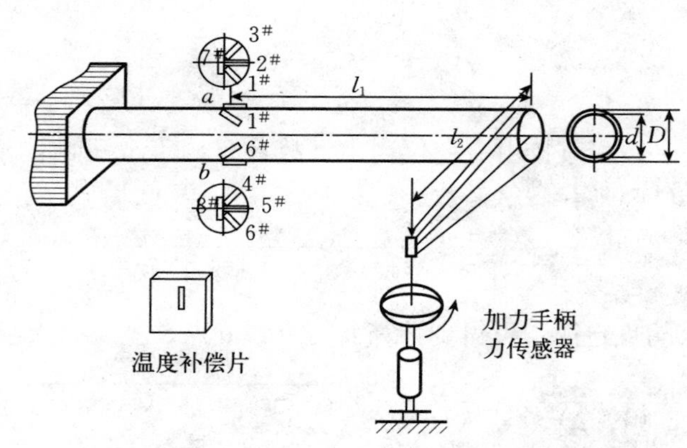

图4-5-2　弯扭组合实验装置

三、实验设备和仪器

(1) DDT-4 型电子式动静态力学组合实验台及与之配套的动静态多通道测试系统，或 BFCL-3 材料力学多功能实验台及与之配套的力与应变综合参数测试仪。

(2) 游标卡尺、钢板尺。

四、实验步骤

(1) 测量试样与装置的有关尺寸（以测量数据为准），圆筒载荷作用点距圆筒形心的距离，即扭转力臂 l_2，圆筒上被测点 a（或 b）到载荷作用面距离，即弯矩力臂 l_1，圆筒的内、外直径。估算最大载荷，确定载荷增量。

(a) DDT-4 型电子式动静态力学组合实验台低碳钢薄壁试样材料弹性模量 $E=200$ GPa，泊松比 $\mu=0.3$，杠杆比值 1∶6。根据最大载荷估算法：$F_{max}=240$ N。实验中采用螺旋连续加载，系统可记录下：初载荷 $F_0=60$ N，$F_1=120$ N，…，$\Delta F=60$ N，$F_{max}=240$ N 时所对应的应变。

(b) 管材 LY12 硬铝合金弹性模量 $E=70$ GPa 左右，泊松比 $\mu=0.33$，惯性矩 $I=0.556\times10^{-7}$，极惯性矩 $I_\rho=1.113\times10^{-7}$。根据最大载荷估算法：$F_{max}=400$ N。实验中采用螺旋等增量加载，分别加载到：初载荷 $F_0=100$ N，$F_1=200$ N，…，$\Delta F=100$ N，$F_{max}=400$ N 时，记录所对应的应变。

(2) 接线。采用多点测量中半桥单臂温度公共补偿接线法。将三个应变片分别与温度补偿片接在动静态多通道测试仪上的三个通道上，形成三个半桥单臂温度公共补偿（1/4 桥单臂工作温度共同补偿）的测量电桥（图 3-6-2）。AB 桥臂接工作片（或温度补偿片），BC 桥臂接温度补偿片（或工作片），其他两个桥臂为动静态多通道测试仪（应变仪）中的标准电阻。

(3) 将应变片对应接好，请指导教师检查后，方可开始加载。

(a) 加载缓慢平稳，每次加载显示测试值后，检查 ΔF 对应的 $\Delta\varepsilon$（差值）是否大致相同，若是，记录相应的测试值；否则重做。最少记下 3 次测量数据，计算出 3 次平均应变增量的平均值 $\Delta\overline{\mu\varepsilon}_{90°}$、$\Delta\overline{\mu\varepsilon}_{45°}$ 和 $\Delta\overline{\mu\varepsilon}_{0°}$。

(b) 每次加载显示测试值后，立即卸载。

(4) 实验完毕请指导教师检查记录并签字，将设备仪器恢复原状并清理现场。

五、实验记录与数据处理

1. 实验记录

表 4－5－1　试样几何尺寸、性能参数及装置有关数据（以实测为准）

	外径 D/mm	内径 d/mm	壁厚 δ/mm	扭转力臂 l_2/mm	弯曲力臂 l_1/mm	弹性模量 E/GPa	泊松比 μ
低碳钢薄壁圆筒	50.00	49.20	0.70	220	258	200	0.3
管材 LY12 硬铝合金	40.00	35	2.5	210	250	70	0.33

表 4－5－2　测试数据记录

应变片编号	R_{90°（7#）第一电桥（CH_1）（或 R_{45°）					R_{45°（3#）第二电桥（CH_2）（或 R_{0°）					R_{0°（2#）第三电桥（CH_3）（或 R_{-45°）				
	测试应变值					测试应变值					测试应变值				
测试次数 / 载荷/N	第1次 $\mu\varepsilon$	第2次 $\mu\varepsilon$	第3次 $\mu\varepsilon$	平均 $\overline{\mu\varepsilon}$	平均应变增量 $\overline{\Delta\mu\varepsilon}$	第1次 $\mu\varepsilon$	第2次 $\mu\varepsilon$	第3次 $\mu\varepsilon$	平均 $\overline{\mu\varepsilon}$	平均应变增量 $\overline{\Delta\mu\varepsilon}$	第1次 $\mu\varepsilon$	第2次 $\mu\varepsilon$	第3次 $\mu\varepsilon$	平均 $\overline{\mu\varepsilon}$	平均应变增量 $\overline{\Delta\mu\varepsilon}$
F_o＝															
F_1＝															
F_2＝															
F_3＝															
ΔF＝	$\Delta\overline{\mu\varepsilon}_{90^\circ}$＝（$\Delta\overline{\mu\varepsilon}_{45^\circ}$＝　　）					$\Delta\overline{\mu\varepsilon}_{45^\circ}$＝（$\Delta\overline{\mu\varepsilon}_{0^\circ}$＝　　）					$\Delta\overline{\mu\varepsilon}_{0^\circ}$＝（$\Delta\overline{\mu\varepsilon}_{-45^\circ}$＝　　）				

2. 数据处理

（1）根据式（4－5－1）和式（4－5－2）或式（4－5－3）和式（4－5－4）计算测试结果。

（2）理论值计算：

表 4－5－3　理论值计算

ΔM	ΔT	$W=\frac{\pi}{32}D^3$（$1-\alpha^4$）	$W_t=2W$	$\Delta\sigma_{理}=\frac{\Delta M}{W}$	$\Delta\tau_{理}=\frac{\Delta T}{W_t}$	σ_1	σ_3	α_0

该点的主应力大小和方向的理论计算公式为

$$\left.\begin{matrix}\sigma_1\\ \sigma_3\end{matrix}\right\}=\frac{\Delta\sigma_{理}}{2}\pm\sqrt{\left(\frac{\Delta\sigma_{理}}{2}\right)^2+\Delta\tau_{理}^2} \tag{4-5-5}$$

$$\alpha_0=\frac{1}{2}\arctan\left(-\frac{2\Delta\tau_{理}}{\Delta\sigma_{理}}\right) \tag{4-5-6}$$

(3) 实测值与理论值的相对误差计算。

六、分析与讨论

1. 用不同方向的直角应变花测量结果一致吗？主应力大小与方向表达式一致吗？试推导。

2. 引起误差的原因可能有哪些？

实验六 偏心拉伸实验

一、实验目的

1. 掌握用电测法测量各内力分量产生应变成分的方法，进一步熟悉应变电桥的组桥原理和方法。

2. 测定偏心拉伸时最大正应力，验证迭加原理的正确性。

3. 测定偏心拉伸试样的弹性模量 E 和偏心距 e。

二、实验原理及方法

当构件上的拉载荷与轴线平行但并不与轴线重合时，即为偏心拉伸。偏心拉伸试样及应变片布置如图 4-6-1 所示。在试样中部的两侧面对称地沿纵向

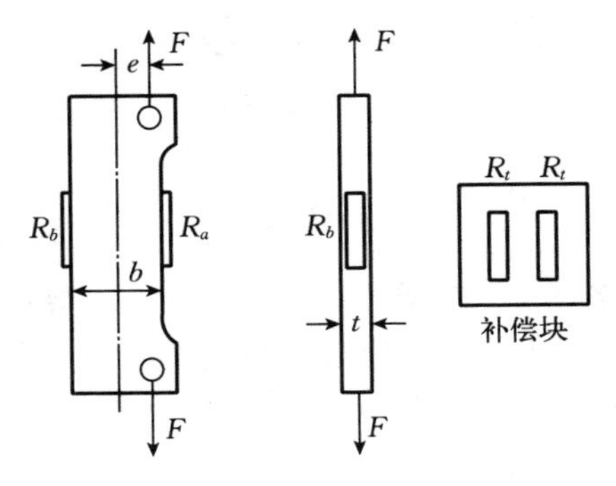

图 4-6-1 偏心拉伸试样及应变片布置

各粘贴一枚应变片 R_a 和 R_b。在外载荷作用下，其轴力 $N=F$，弯矩 $M=Fe$，其中 e 为偏心距。若试样的宽度为 b，厚度为 t，则其横截面积 $S=bt$。根据迭加原理，试样横截面上各点都为单向应力状态，其测点处正应力的理论计算公式为拉伸应力和弯矩正应力的代数和，即

$$\sigma=\frac{F}{S}\pm\frac{M}{W}=\frac{F}{tb}\pm\frac{6Fe}{tb^2}$$

根据胡克定律，其测点处正应力的测量计算公式为弹性模量 E 与测点处正应变的乘积，即 $\sigma=E\varepsilon_{测}$。

（一）测定最大正应力，验证迭加原理

根据以上分析，受力试样上所布测点中最大应力的理论计算公式为

$$\sigma_{\max,理}=\sigma_a=\frac{F}{S}+\frac{M}{W}=\frac{F}{tb}+\frac{6Fe}{tb^2} \qquad (4-6-1)$$

最大应力的测量计算公式为

$$\sigma_{\max,测}=\sigma_a=E\varepsilon_{a测}=E\ (\varepsilon_F+\varepsilon_M) \qquad (4-6-2)$$

（二）测量各内力分量产生的应变成分 ε_F 和 ε_M

由电阻应变仪中测量电桥的加减特性原理可知，采取适当的布片和组桥方式，可以将组合载荷作用下的各内力分量产生的应变成分分别单独测量出来，从而计算出相应的应力和内力——这就是所谓的内力素的测定。

试样中部两侧面对称的纵向应变片 R_a 和 R_b 的应变均由拉伸和弯曲两种应变成分组成，即

$$\varepsilon_a=\varepsilon_F+\varepsilon_M \qquad (4-6-3)$$

$$\varepsilon_b=\varepsilon_F-\varepsilon_M \qquad (4-6-4)$$

式中，ε_F 为轴力引起的拉伸应变；ε_M 为弯矩引起的弯曲正应变的绝对值。

联立式（4－6－3）、式（4－6－4）解之得：

$$\varepsilon_F=\frac{\varepsilon_a+\varepsilon_b}{2} \qquad (4-6-5)$$

$$\varepsilon_M=\frac{\varepsilon_a-\varepsilon_b}{2} \qquad (4-6-6)$$

由此可知，测量各内力分量产生的应变成分 ε_F 和 ε_M 可有如下两种方法：

方法（一）：采用半桥单臂、温度共同补偿、多点同时测量的方式组桥，测出各个测点的应变值，然后再根据式（4－6－5）和式（4－6－6）计算出 ε_F 和 ε_M。

方法（二）：

（1）将 R_a 和 R_b 接在测量电桥的两相对桥臂上，其他两相对桥臂接温度补偿片 R_t（图 4－6－2a），应变仪的读数为两相对桥臂的应变之和，即 $\varepsilon_{读数}=2\varepsilon_F$。

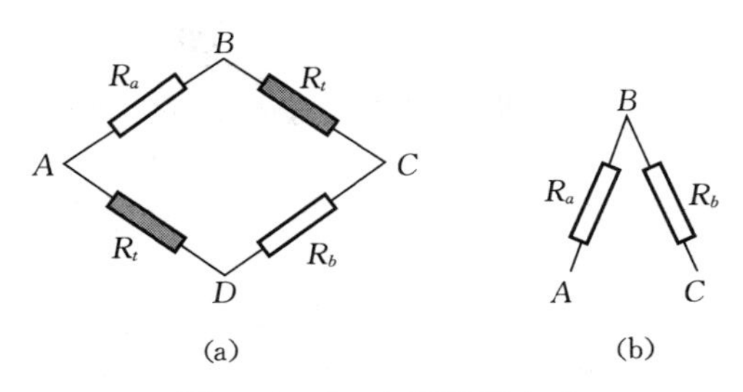

图 4－6－2　电桥组桥方式

（2）将 R_a 和 R_b 接在测量电桥的两相邻桥臂上，其他两相邻桥臂接应变仪里的标准电阻（图 4－6－2b）。应变仪的读数为两相邻桥臂的应变之差，即 $\varepsilon_{读数}=2\varepsilon_M$。

通常将从仪器上读出的应变值与待测应变值之比称为桥臂系数，上述两种组桥方式的桥臂系数均为 2。

以上两种方法均采用等增量加载的方式。在初载荷 F_0 时，将应变仪读数调零，之后每加一级载荷测得并记录相应的应变。实验至少进行 3 次，得到 3 组 F_i、$\varepsilon_{读数i}$ 数据。方法（二）较方法（一）测量精度高。

（三）弹性模量 E 的测定与计算

测弹性模量 E 时按图 4－6－2（a）组桥接线，并采用等增量加载的方式。在初载荷 F_0 时，将应变仪读数调零，之后每加一级载荷测得并记录相应的应变。实验至少进行 3 次，得到 3 组 F_i、$\varepsilon_{F读数i}$ 数据。也可以使用测量内力分量产生的应变成分 ε_F 的 3 次实验数据。从 3 次实验数据中选出一组线性相关较好的数据拟合为直线（参考附录Ⅰ），直线的斜率即为弹性模量 E。或者用平均法计算出弹性模量 E。

（四）偏心距 e 的测量与计算

测偏心距 e 时，按图 4－6－2（b）组桥接线，并采用等增量加载的方式，在初载荷 F_0 时，将应变仪读数调零，之后每加一级载荷测得并记录相应的应变。实验至少进行 3 次，得到 3 组 F_i、$\varepsilon_{M读数i}$ 数据。也可以使用测量内力分量产生的应变成分 ε_M 的 3 次实验数据。从 3 次实验数据中选出一组线性相关较好的数据使用。由胡克定律可知，弯曲正应力为 $\sigma_M=E\varepsilon_M$，而 $\sigma_M=\dfrac{M}{W}=\dfrac{6\Delta F\cdot e}{tb^2}$。

因此，所用试样的偏心距：

$$e=\frac{Etb^2}{6\Delta F}\cdot\varepsilon_M \qquad (4-6-7)$$

三、实验设备仪器

（1）BFCL－3 材料力学多功能实验台及与之配套的力与应变综合参数测试仪。

（2）游标卡尺、钢板尺。

四、实验步骤

（1）设计好本实验所需的各类数据表格。

（2）用游标卡尺测量试样横截面的长和宽。在试样标距范围内，测量试样 3 个横截面长和宽，取 3 处横截面面积的平均值作为试样的横截面面积 S_o。

（3）拟定加载方案：先选取适当的初载荷 F_o（一般取 $F_o=10\%F_{max}$ 左右），估算 F_{max}（该实验载荷范围 $F_{max}\leqslant 2\,000$ N），分 4～6 级加载。

（4）根据加载方案，调整好实验加载装置。

（5）测定轴力产生的拉应变 ε_F：采用实验原理中方法（一）进行接线，如图 4－6－2（a）所示。将 R_a 和 R_b 分别接在测量电桥的两相对桥臂 AB 和 CD 上，其他两相对桥臂接温度补偿片 R_t，同时选择好应变仪的灵敏系数。调整好仪器，检查整个系统处于正常工作状态后，方可加载。

均匀缓慢加载至初载荷 F_o，记录应变的初始读数或调零；然后逐级等增量加载，每增加一级载荷，记录一次应变值，同时计算对应的拉应变 ε_F。填入记录表格中，然后卸去全部载荷。至少重复测量 3 次。

（6）测定弯矩产生的应变 ε_M：采用实验原理中方法（二）进行接线，如图 4－6－2（b）所示。将 R_a 和 R_b 分别接在测量电桥的两相邻桥臂 AB 和 BC 上，其他两相邻桥臂接应变仪里的标准电阻。同时选择好应变仪的灵敏系数。调整好仪器，检查整个系统处于正常工作状态后，方可加载。

均匀缓慢加载至初载荷 F_o，记录应变的初始读数或调零；然后逐级等增量加载，每增加一级载荷，记录一次应变值，同时计算对应的应变 ε_M。填入记录表格中，然后卸去全部载荷。至少重复测量 3 次。

（7）做完实验后，卸掉载荷，关闭电源，整理好所用仪器设备，清理实验现场，将所用仪器设备复原，实验资料交指导教师检查签字。

五、实验记录与数据处理

1. 实验记录

表 4-6-1　试样几何及性能参数（以测量值为主）

试样	厚度 t/mm	宽度 b/mm	横截面面积 $(S_o=bt)/mm^2$	平均横截面面积
截面Ⅰ	5	30	150	
截面Ⅱ				
截面Ⅲ				
试样偏心距 e=10 mm				
弹性模量 E=206 GPa，泊松比 μ=0.28，应变片、应变仪灵敏系数 K=　　　，$K_{仪}$=				

表 4-6-2　实验数据记录

测点 / 载荷/N	测量拉应变 ε_F					
	应变仪读数（$\mu\varepsilon$），桥臂系数 2					
	第一次		第二次		第三次	
	读数 ε	应变增量 $\Delta\varepsilon$	读数 ε	应变增量 $\Delta\varepsilon$	读数 ε	应变增量 $\Delta\varepsilon$
500						
1 000						
1 500						
2 000						
载荷增量 ΔF=500		应变增量 $\Delta\varepsilon$ 平均值$\overline{\Delta\varepsilon}$=		应变增量 $\Delta\varepsilon$ 平均值$\overline{\Delta\varepsilon}$=		应变增量 $\Delta\varepsilon$ 平均值$\overline{\Delta\varepsilon}$=
	3 次应变增量$\overline{\Delta\varepsilon}$的平均值=					

表 4-6-3　实验数据记录

测点 / 载荷/N	测量弯矩引起的正应变 ε_M					
	应变仪读数（$\mu\varepsilon$），桥臂系数 2					
	第一次		第二次		第三次	
	读数 ε	增量 $\Delta\varepsilon$	读数 ε	增量 $\Delta\varepsilon$	读数 ε	增量 $\Delta\varepsilon$
500						
1 000						
1 500						
2 000						
载荷增量 $\Delta P=500$		应变增量 $\Delta\varepsilon$ 平均值 $\overline{\Delta\varepsilon}$＝		应变增量 $\Delta\varepsilon$ 平均值 $\overline{\Delta\varepsilon}$＝		应变增量 $\Delta\varepsilon$ 平均值 $\overline{\Delta\varepsilon}$＝
	3 次应变增量 $\overline{\Delta\varepsilon}$ 的平均值＝					

2. 数据处理

根据测得的同载荷下的 ε_F 和 ε_M 值，取 3 次测试结果的应变增量的平均值按式（4-6-2）计算试样上所布各点的最大应力；由式（4-6-1）计算理论值，并进行比较，求出相对误差。

在测得的 ε_F 数据中，比较 3 组测试结果，取线性相关较好的（即 $\Delta\varepsilon_{Fi}$ 相近的）一组，进行线性拟合，求出试样材料的弹性模量 E 及其测量误差。

在测得的 ε_M 数据中，取 3 次测试结果的应变增量的平均值按式（4-6-7）计算试样的偏心距 e 及其测量误差。

六、分析与讨论

1. 材料在单向偏心拉伸时，存在哪些内力？
2. 比较实验原理中两种测量方法，哪种测量精度高？为什么？

实验七　金属材料平面应变断裂韧性 K_{Ic} 的测定

一、实验目的

1. 正确掌握金属材料平面应变断裂韧性 K_{Ic} 的测试方法。
2. 了解测定 K_{Ic} 的设备、仪器装置及其使用。

3. 测定被试材料的载荷-位移（$F-V$）曲线，计算条件断裂韧度 K_Q。

4. 验算实验所得 K_Q，确定有效 K_{Ic}。

二、实验原理和试样

根据线弹性断裂力学的分析，裂纹发生失稳扩展而导致裂纹体脆断的判据是

$$K_I = K_{Ic} \tag{4-7-1}$$

式中，K_I 为应力场强度因子，表征裂纹尖端附近应力场的强度，在线弹性条件下，可以证明 K_I 的一般表达式为

$$K_I = Y\sigma\sqrt{a} \tag{4-7-2}$$

式中，Y 是与裂纹形状、试样类型和所加载荷方式等有关的量，也称几何因子；σ 是由外力引起的应力；a 是裂纹体内的裂纹长度，故 K_I 的大小仅决定于构件（包括裂纹）的几何形状和尺寸、应力的大小与分布等。式（4－7－1）右边的 K_{Ic}就是在平面应变条件下，Ⅰ型（即张开型）裂纹发生失稳扩展时的应力场强度因子的临界值，即材料的平面应变断裂韧性，它是材料固有的抵抗脆性断裂的一种力学性能指标，是材料的常数。由式（4－7－1）可知，当外加应力增高时，裂纹前端的应力场强度因子 K_I 也增大，当 K_I 增大到等于某一临界值，即材料的平面应变断裂韧性 K_{Ic}时，也即达到裂纹失稳扩展的临界条件，就能导致裂纹体脆断，此时外加应力 σ 达到临界应力 σ_c，若将 $\sigma=\sigma_c$ 和式（4－7－2）代入式（4－7－1）可得：

$$Y\sigma_c\sqrt{a} = K_{Ic} \tag{4-7-3}$$

因此，只要知道带裂纹试样的应力强度因子 K_I 的表达式，即已知 Y，试样的尺寸又能保证裂纹前端处于平面应变状态下，则只需测得带裂纹试样发生失稳断裂时载荷 F_Q（或应力 σ_Q），就可利用已知的 K_Q 表达式求出相应的临界 K_I 值，即为试样材料的平面应变断裂韧性 K_{Ic}。

为实验结果具有符合性与可比性，国家标准对试样做了规定，本实验采用淬火后低温回火的低合金高强度钢。采用标准的三点弯曲试样（图 4－7－1）。$\frac{S}{W}=4$，$\frac{W}{B}=2$。取 $W=100$ mm，则 $S=400$ mm（取总长 400＋20＝420 mm），$B=50$ mm。其 K_Q 表达式为

$$K_Q = \frac{F_Q S}{BW^{3/2}} f\left(\frac{a}{W}\right) \tag{4-7-4}$$

其中，

$$f\left(\frac{a}{W}\right)=\frac{3\left(\frac{a}{W}\right)^{1/2}\left[1.99-\left(\frac{a}{W}\right)\left(1-\frac{a}{W}\right)\times\left(2.15-\frac{3.93a}{W}+\frac{2.70a^2}{W^2}\right)\right]}{2\left(1+\frac{2a}{W}\right)\left(1-\frac{a}{W}\right)^{3/2}}$$

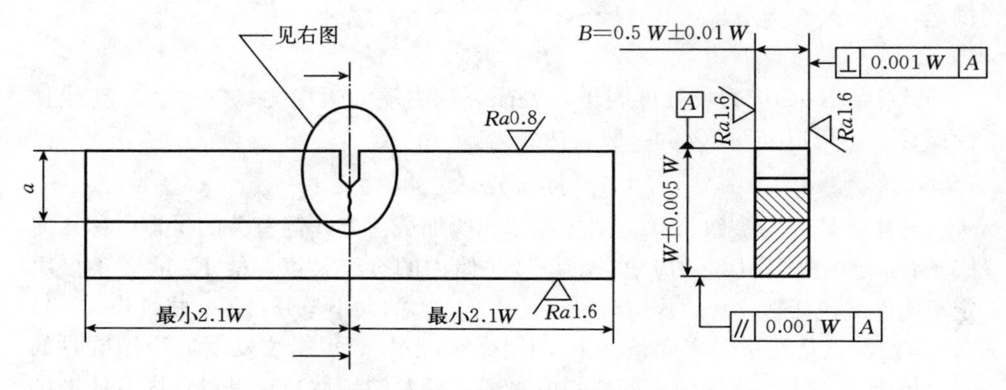

图 4-7-1　三点弯曲试样

例如，$\left(\frac{a}{W}\right)=0.5$，$f\left(\frac{a}{W}\right)=2.66$。其中，$F_Q$ 为特定的载荷值（kN）；B 为试样厚度（mm）；W 为试样宽度（mm）；S 为跨距（mm）；a 为裂纹长度（mm）。

通过实验可画出被测材料试样的载荷-位移（$F-V$）曲线，从 $F-V$ 曲线上确定 F_Q 值（裂纹失稳扩展的临界载荷），按 K_Q 表达式算出 K_I。

实验材料测得的 $F-V$ 曲线通常有图 4-7-2 所示的 3 种类型，在 $F-V$ 曲线上用 95%斜率割线法（即通过原点做割线，其斜率为曲线初始斜率的 95%），可求得 F_Q。如 95%斜率的割线和 $F-V$ 曲线的交点为 F_s，则针对曲线类型确定 F_Q 的方法为：如果在 F_s 之前曲线上每一个点的载荷都低于 F_s，则取 F_Q 等于 F_s（图 4-7-2 中Ⅰ类）；但如果在 F_s 以前还有一个最大载荷超过了 F_s，则取这个最大载荷 F_{max} 为 F_Q（图 4-7-2 中Ⅱ类和Ⅲ类）。

为了确定根据实验结果计算的 K_Q 值是否满足平面应变条件，是否是有效的 K_{Ic} 值（$K_Q=K_{Ic}$）必须进行下列两项验算：

$$\frac{F_{max}}{F_Q}\leqslant 1.1 \tag{4-7-5}$$

$$B\geqslant 2.5\left(\frac{K_Q}{\sigma_s}\right)^2 \tag{4-7-6}$$

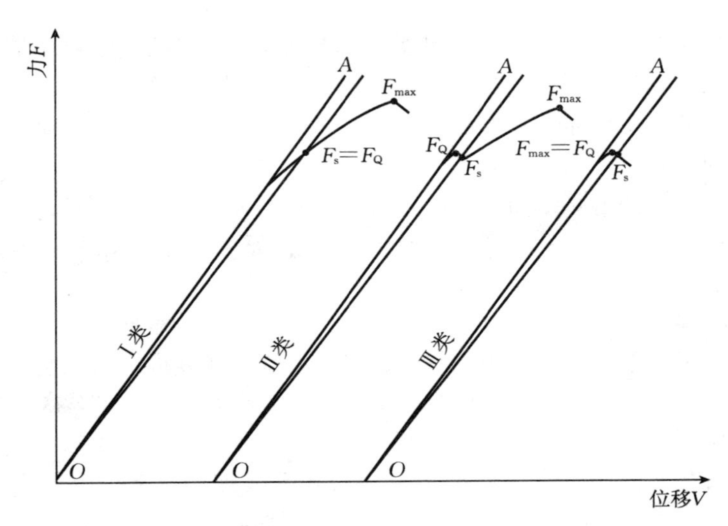

图 4-7-2　典型的 3 种类型载荷-位移（$F-V$）曲线

如果上述两个条件都满足，则计算的 K_Q 值即为平面应变断裂韧度 K_{Ic} 值；如果不满足上述式（4-7-5）、式（4-7-6）其中之一，或两者都不满足，就不是有效的 K_{Ic} 值。若需获得有效的 K_{Ic} 值，必须再用较大试样（厚度至少应为原试样的 1.5 倍）重做实验。

三、实验设备和仪器

（1）微机控制电液比例（伺服）万能试验机。

（2）高频疲劳试验机（或预置好的试样）。

（3）夹式引伸计。

（4）试样支座。

（5）螺旋测微仪、游标卡尺。

（6）显微镜。

四、实验步骤

（1）试样的制备：试样按要求尺寸制作完毕后，要人为地引进裂纹，目前一般是用线切割加工一缺口，缺口半径≤0.1 mm，然后在高频疲劳试验机上用三点弯曲加载荷方法预制疲劳裂纹，使总的裂纹（缺口＋预制疲劳裂纹）长度 $a=(0.45\sim0.55)\ W$，而疲劳裂纹的长度应不小于 $W\times2.5\%$，至少为

1.5 mm。

在预制疲劳裂纹时，为了确保裂纹尖端的尖锐度，希望裂纹前端的应力场强度因子保持低值，疲劳裂纹扩展的最后阶段中 $K_{fmax}/E \leqslant 0.01\ mm^{1/2}$，还要保证 $K_{fmax} \leqslant 0.6K_{Ic}$。而应力场强度因子幅不应小于 $0.9K_{fmax}$。预制疲劳裂纹与缺口对称面最大偏差应$<10°$。

在缺口端面两边贴上刀口，以便装夹夹式引伸计。

(2) 试验机的准备：试验机要经过载荷传感器的标定、夹式引伸计的标定，预热各种仪表仪器半小时以上。

(3) 用游标卡尺测量试样尺寸并记录在事先设计的表格中。沿着预期的裂纹扩展线，至少在 3 个等间距位置上测量厚度 B，在靠近缺口处至少 3 个点测量宽度 W，准确到 0.025 mm 或 0.1 mm，以较大者为准，取 3 次测量的平均值；测量跨距 S，准确到公称尺寸的$\pm 0.5\%$。

(4) 安装试样：按图 4-7-3 的形式安装试样。两支撑辊轮辊轴中心距（跨距）为 $S=400$ mm。加载作用线通过两支撑辊轮辊轴中心部连线的中点，同时试样纵向中线应与支撑辊轮垂直且与支撑辊轮辊轴中心部连线重合，在试样整体刀口（或附加刀口）处装上夹式引伸计。力支座及支撑辊轴要有一定的刚度及硬度，实验中不允许产生变形，同时，要求辊轴及支座之间的摩擦最小。夹式引伸计可自制也可购置。

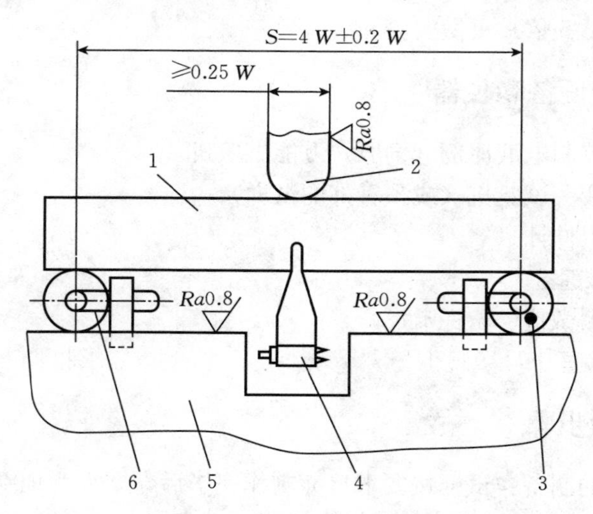

图 4-7-3　试样安装位置

1. 试样　2. 压头　3. 辊轮　4. 夹式引伸计

5. 机架　6. 橡皮筋或弹簧

（5）启动试验机，设置好试验机软件数据，调整各记录板处到零位。调整好曲线记录板的放大比例，使记录的载荷-位移曲线部分的斜率在 0.85～1.15 之间。开始实验。

（6）缓慢匀速施加载荷。试样加载速率应该使应力强度因子增加的速率在 0.5～3.0MPa·$m^{1/2}$/s 范围内，直至试样明显开裂，试样受力不再增加为止。标记和记录最大力 F_{max}，取下夹式引伸计，卸荷停机。

（7）取下试样，并将试样敲断。

五、实验记录

表 4-7-1　实验前、后试样参数测定记录表

<table>
<tr><th colspan="7">实验前</th><th colspan="5">实验后</th></tr>
<tr><th colspan="3">宽度 W/mm</th><th colspan="3">厚度 B/mm</th><th rowspan="2">跨度
S/mm</th><th colspan="3">平均裂纹长度
a</th><th rowspan="4">载荷的比值
F_{max}/F_Q</th><th rowspan="4">a/W</th></tr>
<tr><td>W_1</td><td>W_2</td><td>W_3</td><td>B_1</td><td>B_2</td><td>B_3</td><td>a_1</td><td>a_2</td><td>a_3</td></tr>
<tr><td></td><td></td><td></td><td></td><td></td><td></td><td rowspan="2"></td><td></td><td></td><td></td></tr>
<tr><td colspan="3">平均＝</td><td colspan="3">平均＝</td><td colspan="3">平均＝</td></tr>
</table>

表 4-7-2　计算结果

修正系数 $f(a/W)$	F_{max}/N	F_Q/N	F_{max}/F_Q	2.5 $(K_Q/\sigma_s)^2$	K_Q/MPa·$m^{1/2}$	K_{Ic}/MPa·$m^{1/2}$

六、实验结果处理

1. 测量裂纹长度

将试样断口置于显微镜下，测量裂纹的总长度。要求精度达 0.5%，用游标卡尺测量断口中$\frac{1}{2}B$、$\frac{1}{4}B$、$\frac{3}{4}B$ 位置上的裂纹长度 a，准确到 0.05 mm，取其大者。如图 4-7-4 所示，然后取 a_1、a_2、a_3 平均值。取 3 次测量的平均值作为 a：

$$a=\frac{1}{3}(a_1+a_2+a_3)$$

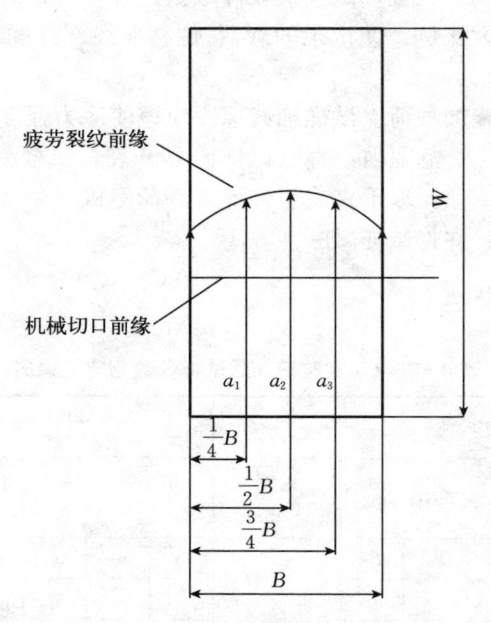

图 4-7-4　测量裂纹长度

2. 确定条件值 F_Q

根据实验原理，在 $F-V$ 曲线上，通过原点画一条斜率为（F/V）$_s$＝0.95（F/V）$_o$的割线 OF_S（图 4-7-2），其中（F/V）$_o$是曲线线性部分切线 OA 部分的斜率。然后按下面的方法确定 F_Q，如在 F_s 点之前，曲线上每一个点的力均低于 F_s（图 4-7-2 中Ⅰ类）则取 $F_Q=F_s$。如在 F_s 点之前，还有一个最大力超过 F_s（图 4-7-2 中Ⅱ、Ⅲ类），则取最大点载荷为 F_Q。

3. 计算 K_Q

对于三点弯曲试样（$S=4W$，$\frac{a}{W}=0.45\sim0.55$ 时），可根据式（4-7-4）计算 K_Q：

$$K_Q=\frac{F_QS}{BW^{3/2}}f\left(\frac{a}{W}\right)$$

其中，$f\left(\frac{a}{W}\right)$值可根据$\frac{a}{W}$值查表而得。表 4-7-3 为三点弯曲试样的 f（a/W）数值表。实验结果应保留三位有效数字。

表 4-7-3　三点弯曲试样的 $f(a/W)$ 数值表

a/W	$f(a/W)$	a/W	$f(a/W)$
0.45	2.29	0.505	2.71
0.455	2.32	0.51	2.75
0.46	2.35	0.515	2.79
0.465	2.39	0.52	2.84
0.47	2.43	0.525	2.89
0.475	2.46	0.53	2.94
0.48	2.50	0.535	2.99
0.485	2.54	0.54	3.04
0.49	2.58	0.545	3.09
0.495	2.62	0.55	3.14
0.5	2.66		

4. 有效性校核

求出 K_Q 后必须进行验算，看实验结果是否满足式（4-7-5）和式（4-7-6）条件，即

$$\frac{F_{max}}{F_Q} \leqslant 1.1$$

$$B \geqslant 2.5\left(\frac{K_Q}{\sigma_s}\right)^2$$

如以上两个条件都满足，K_Q 才算有效，$K_Q = K_{Ic}$。否则 $K_Q \neq K_{Ic}$，实验无效。

七、分析与讨论

分析产生实验误差的原因。

附　　录

附录Ⅰ　实验数据的线性拟合及应用

由实验采集的两个量之间有时存在明显的线性关系，在处理这样一组实验数据时，两个量的每一对对应值都可确定一个数据点，将这些数据点直接描在直角坐标系中，可以发现这些点在一条直线左右摆动，由于数据点的分散性，对同一组实验数据就可能得出略微不同的直线，何者最佳就难以判定。合理的方法是把这一组实验数据用线性拟合法拟合为直线。

设 x 和 y 分别代表由实验采集的两个量，且两者的最佳直线关系为

$$y=mx+b \tag{a}$$

式中，x 为自变量；y 为因变量；b 为直线在纵轴上的截距（图Ⅰ-1）；m 为直线的斜率，$m=\tan\alpha$。在材料力学实验中，一般以扭矩、载荷、弯矩等作为自变量 x，而把相应的转角、延伸、应变等作为因变量 y。若在采集的实验数据中与 x_i 对应的为 y_i；而在最佳直线（a）上与 x_i 对应的纵坐标则应为 (mx_i+b)。两者之间的偏差为

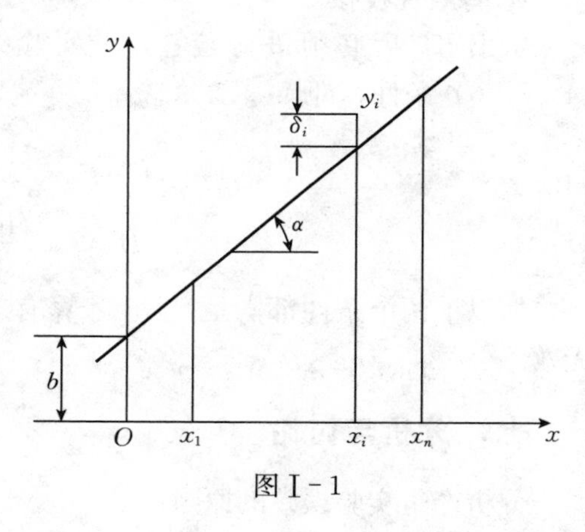

图Ⅰ-1

$$\delta_i=y_i-(mx_i+b)=y_i-mx_i-b \tag{b}$$

根据最小二乘法原理，当由上式表示的偏差的平方总和为最小值时，则式（a）表示的直线为最佳直线。这是因为偏差 δ_i 的平方均为正值，其总和为最小，就意味着式（a）是最靠近这些实验观测点的最佳直线。由式（b）得偏差 δ_i 的平方总和为

$$Q=\sum\delta_i^2=\sum(y_i-mx_i-b)^2,\ i=1,\ 2,\ \cdots,\ n \tag{c}$$

Q 为最小值要求：

$$\frac{\partial Q}{\partial m}=0,\quad \frac{\partial Q}{\partial b}=0$$

于是由式（c）得

$$\frac{\partial Q}{\partial m}=-2\sum(y_i-mx_i-b)x_i=0$$

$$\frac{\partial Q}{\partial b}=-2\sum(y_i-mx_i-b)=0$$

由此得

$$\sum x_iy_i-m\sum x_i^2-b\sum x_i=0$$

$$\sum y_i-m\sum x_i-nb=0$$

从以上两式解出

$$m=\frac{\sum x_i\sum y_i-n\sum x_iy_i}{\left(\sum x_i\right)^2-n\sum x_i^2} \tag{Ⅰ-1}$$

$$b=\frac{\sum x_iy_i\sum x_i-\sum x_i^2\sum y_i}{\left(\sum x_i\right)^2-n\sum x_i^2} \tag{Ⅰ-2}$$

这就确定了直线方程式（a）中斜率 m 和截距 b，亦即完全确定了拟合直线。

按照以上论述，由任何一组实验数据 x_i 和 y_i，都可拟合出一条直线。但一组实验数据 x_i 和 y_i 之间的关系可能非常接近一条直线，即它们确实是线性相关的；也可能与线性关系相差甚远。将一组实验数据拟合成直线，并不能说明它们与“线性相关”接近的程度。为此，引进相关系数 γ，定义如下：

$$\gamma=\frac{D_{xy}}{\sqrt{D_{xx}D_{yy}}} \tag{Ⅰ-3}$$

$$\left.\begin{aligned}D_{xx}&=\sum x_i^2-\frac{1}{n}\left(\sum x_i\right)^2\\D_{yy}&=\sum y_i^2-\frac{1}{n}\left(\sum y_i\right)^2\\D_{xy}&=\sum x_iy_i-\frac{1}{n}\sum x_i\sum y_i\end{aligned}\right\} \tag{Ⅰ-4}$$

一般情况下，$|\gamma|\leqslant 1$。γ 越接近 1，x_i 和 y_i 的关系越接近直线；γ 越与 0 靠近，x_i 和 y_i 的线性关系越不明显。$\gamma=0$ 时，x_i 和 y_i 不存在线性关系。可见，相关系数 γ 表明实验数据与“线性相关”接近的程度。

实验时在给定的载荷 F 作用下，测出相应的变形 ΔL。这时，F 对应于 x，

ΔL 对应于 y。于是由公式（Ⅰ-1)、(Ⅰ-3)、(Ⅰ-4）得

$$m=\frac{\sum F_i\sum \Delta L_i-n\sum F_i\Delta L_i}{\left(\sum F_i\right)^2-n\sum F_i^2} \tag{Ⅰ-5}$$

$$\left.\begin{aligned} D_{xx}&=\sum F_i^2-\frac{1}{n}\left(\sum F_i\right)^2 \\ D_{yy}&=\sum \Delta L_i^2-\frac{1}{n}\left(\sum \Delta L_i\right)^2 \\ D_{xy}&=\sum F_i\Delta L_i-\frac{1}{n}\sum F_i\sum \Delta L_i \end{aligned}\right\} \tag{Ⅰ-6}$$

$$\gamma=\frac{D_{xy}}{\sqrt{D_{xx}D_{yy}}} \tag{Ⅰ-7}$$

这里 m 为拟合直线的斜率。另一方面，由胡克定律知

$$\Delta L=\frac{FL_{\circ}}{ES_{\circ}}$$

这表明 F 和 ΔL 所形成的直线的斜率为$\frac{L_{\circ}}{ES_{\circ}}$。它与拟合直线的斜率应该是相等的，于是有

$$m=\frac{L_{\circ}}{ES_{\circ}}$$

$$E=\frac{L_{\circ}}{mS_{\circ}}=\frac{\left(\sum F_i\right)^2-n\sum F_i^2}{\sum F_i\sum \Delta L_i-n\sum F_i\Delta L_i}\cdot\frac{L_{\circ}}{S_{\circ}} \tag{Ⅰ-8}$$

现以直径 $d_{\circ}=10$ mm，标距 $L_{\circ}=50$ mm 的碳钢试样拉伸实验测得的实验数据（表Ⅰ-1）为例，说明直线拟合在测定弹性模量中的应用。根据表Ⅰ-1所列数据计算出表Ⅰ-2 中各栏的数值。将表Ⅰ-2 中的数据代入式（b）和式（c）求得

表Ⅰ-1

<table>
<tr><td>载荷 F/kN</td><td colspan="2">4</td><td colspan="2">7</td><td colspan="2">10</td><td colspan="2">13</td><td colspan="2">16</td><td colspan="2">19</td></tr>
<tr><td>变形 ΔL/mm</td><td colspan="2">14×10^{-3}</td><td colspan="2">23×10^{-3}</td><td colspan="2">32.8×10^{-3}</td><td colspan="2">42×10^{-3}</td><td colspan="2">51.5×10^{-3}</td><td colspan="2">61.2×10^{-3}</td></tr>
<tr><td>变形增量
δ（ΔL）/mm</td><td colspan="3">9×10^{-3}</td><td colspan="2">9.8×10^{-3}</td><td colspan="2">9.2×10^{-3}</td><td colspan="2">9.5×10^{-3}</td><td colspan="3">9.7×10^{-3}</td></tr>
</table>

表Ⅰ-2

$\sum F_i \sum \Delta L_i$/(N·mm)	$\sum F_i \Delta L_i$/(N·mm)	$(\sum F_i)^2/N^2$	$\sum F_i^2/N^2$	$\sum \Delta L_i^2/mm^2$	$(\sum \Delta L_i)^2/mm^2$
15 490.5	3 077.8	$4\ 761\times10^6$	951×10^6	$9\ 962.5\times10^{-6}$	$50\ 400.2\times10^{-6}$

$$D_{xx}=\sum F_i^2-\frac{1}{n}\left(\sum F_i\right)^2=157.5\times10^6\ \mathrm{N}^2$$

$$D_{yy}=\sum \Delta L_i^2-\frac{1}{n}\left(\sum \Delta L_i\right)^2=1\ 562.5\times10^{-6}\ \mathrm{mm}^2$$

$$D_{xy}=\sum F_i\Delta L_i-\frac{1}{n}\sum F_i\sum \Delta L_i=496.05\ \mathrm{N\cdot mm}$$

$$\gamma=\frac{D_{xy}}{\sqrt{D_{xx}D_{xy}}}=0.999\ 9\approx1$$

相关系数接近1，说明 F 和 ΔL 的关系非常接近直线关系。由式（d）算出弹性模量为

$$E=\frac{\left(\sum F_i\right)^2-n\sum F_i^2}{\sum F_i\sum \Delta L_i-n\sum F_i\Delta L_i}\cdot\frac{L_o}{S_o}=202.1\ \mathrm{GPa}$$

如用电阻应变仪代替机械式引伸仪，则在给定的载荷 F 作用下，测出相应的应变ε。这时，F 对应于 x，ε 对应于 y，表示拟合直线斜率的公式（Ⅰ-1）成为

$$m=\frac{\sum F_i\sum \varepsilon_i-n\sum F_i\varepsilon_i}{\left(\sum F_i\right)^2-n\sum F_i^2}\tag{Ⅰ-9}$$

另一方面，把胡克定律改写成

$$\varepsilon=\frac{\sigma}{E}=\frac{F}{ES_o}$$

可见，F 和 ε 形成的直线的斜率为 $\frac{1}{ES_o}$，它应与拟合直线的斜率 m 相等，即 $m=\frac{1}{ES_o}$。

于是

$$E=\frac{1}{mS_o}=\frac{\left(\sum F_i\right)^2-n\sum F_i^2}{\sum F_i\sum \varepsilon_i-n\sum F_i\varepsilon_i}\cdot\frac{1}{S_o}\tag{Ⅰ-10}$$

附录Ⅱ　力学量国际单位制单位及换算

（1）力学量 SI 单位

力学量	SI 符号	名称
长度	m	米
质量	kg	千克（公斤）
力	N	牛［顿］
时间	s	秒
功或能	J	焦［耳］
应力或压强	Pa	帕［斯卡］
功率	W	瓦［特］
扭矩或力矩	N・m	牛［顿］米
速度	m/s	米每秒
加速度	m/s^2	米每二次方秒
角速度	rad/s	弧度每秒

注：1GN＝10^9 N；1MN＝10^6 N；1kN＝10^3 N

（2）CGS 制与 SI 的换算

CGS 制	SI
1 kgf（千克力）	9. 806 65 N（≈9. 81 N）
1 kgf・m	9. 806 65 J（≈9. 81 J）
1 kgf/cm^2	98 066. 5 Pa

参 考 文 献

郭玉明，端木光明，王新忠，等，2008. 材料力学［M］. 北京：中国农业出版社.

刘鸿文，吕荣坤，2017. 材料力学实验［M］. 4 版. 北京：高等教育出版社.

刘鸿文，林建兴，曹曼玲，等，2018. 材料力学［M］. 6 版. 北京：高等教育出版社.

冯勇，崔龙，2016. 土木工程专业实验教程［M］. 北京：中国农业大学出版社.

王天宏，吴善幸，丁勇，2016. 材料力学实验指导［M］. 北京：中国水利水电出版社.

中华人民共和国国家技术监督局，GB/T 8170—2008. 数值修约规则与极限数值的表示和判定［S］. 北京：中国标准出版社.

中华人民共和国国家技术监督局，GB/T 228.1—2010. 金属材料　拉伸试验第 1 部分：室温试验方法［S］. 北京：中国标准出版社，2011.

中华人民共和国国家技术监督局，GB/T 7314—2017. 金属材料室温压缩试验方法［S］. 北京：中国标准出版社.

中华人民共和国国家技术监督局，GB/T 19128—2017. 金属材料室温扭转试验方法［S］. 北京：中国标准出版社.

中华人民共和国国家技术监督局，GB/T 229—2007. 金属材料夏比摆锤冲击试验方法［S］. 北京：中国标准出版社.

中华人民共和国国家技术监督局，GB/T 228.1—2010. 金属材料平面应变断裂韧度 K_{Ic} 试验方法［S］. 北京：中国标准出版社.